日本の堤防は、なぜ決壊してしまうのか？

水害から命を守る民主主義へ

Izumi NISHIJIMA
西島 和［著］

現 代 書 館

はじめに

堤防の決壊から民主主義の課題がみえる

「土まんじゅう・砂山堤防の決壊を防ぐ」「住民の命を最優先で守る治水への転換」――

これは、2009年10月に、当時の国土交通大臣に対し、元国土交通省職員の宮本博司さんが提言された内容の一節です。宮本さんは、土砂を積み上げただけで補強のされていない堤防を「土まんじゅう」「砂山」と表現して警告し、水害対策のあり方を転換するよう求めました。しかし、その後現在に至るまで水害対策の転換は行われず、土砂を積み上げただけの堤防があいついで決壊し、さまざまな被害を引き起こしています。

2019年の東日本台風では、全国74の川で142か所の堤防が決壊しました。ニュースでは、千曲川の堤防が決壊して北陸新幹線の車両基地が浸水した衝撃的な映像が繰り返し流されました。84名が亡くなり（災害関連死を除く）、経済的損失は1兆6,500億円ともいわれています[1]。

堤防の決壊とは、どのような現象でしょうか。

大雨で川が増水し、洪水が堤防からあふれたとします。堤防が壊れなければ、洪水はじわじわとあふれますが、堤防が壊れると、大量の洪水が急激に川からあふれます。家を押し流すような大量かつ急激な氾濫によって、人命が失われる危険性が高くなります。雨がやんで水位がさがった後も、堤防が決壊してしまっていると、堤防が復旧するまで長時間にわたり大量の水をあふれさせ、浸水被害を拡大させることにもなります。したがって、洪水が堤防を越えてあふれても、堤防が壊れないようにしておくことが、人命や財産を守るうえで非常に重要です。堤防を決壊しにくくする技術としては、堤防に鉄鋼板(矢板)をいれたり、堤防の表面をブロックや遮水シートで覆うなどの方法があります。

ところが、残念ながら、日本の堤防のほとんどは、盛土をしただけで補強されていない「土提(どてい)」です。あふれた洪水の力でえぐられ、壊れやすい「土まんじゅう」堤防の表面を補強して壊れにくくする「堤防強化」(越水対策)は水害対策のメニューから排除されてきました。

問題は、これまでさまざまな人たちが、それぞれの現場で、堤防強化を優先する水害対策を求めてきたにもかかわらず、その声が水害対策に反映されてこなかったことです。堤防強化という課題は、長い間タブーのように扱われ、解決が先送りされてきました。他方で、優先されてきたのがダムやスーパー堤防です。ダムやスーパー堤防が水害対策としていかに役立つかが宣伝され、「ダムができれば安心」というダム神話が刷り込まれ、多くの時間・人・お金が投入されてきました。水害対策は、多くの人の生命や財産にかかわる政策です。それにもかかわらず、「堤防強化とダムとどちらを優先させるべきか」という比較検討が行われないまま、堤防強化を先送りする政策が粛々と進められてきました。一人ひとりの声を大切に扱わず、ないがしろにしてものごとが決められる政策決定のシステムが、日本の国土や社会を災害に弱いものにしているといえます。前世紀的な非民主的政策決定のシステムが残存し命を脅かしていることが、日本の民主主義の大きな課題です。

そして今、全国で堤防の決壊が起こり、被災者が救済を求めて裁判を起こす事態となっています。わたしたちは、これまでの水害対策が失敗であったとする指摘を真摯に受けとめ、失敗の原因を分析し、失敗を繰り返さないための解決策を考え、実現していかなければなりません。

本書では、

❖堤防強化を優先させることを求める人々の声を水害対策に反映させず、ダム優先の政策を継続することを可能にしてきた日本の政策決定プロセスに問題があること

❖こうした「堤防を決壊させる」政策決定プロセスを転換するために、日本の民主主義を発展させる必要があること

について指摘し、日本の民主主義を発展させるために必要な法制度を提案します。

日本の民主主義は、まだまだ発展途上です。一人ひとりの声が大切に扱われ、尊厳が守られるよう、民主主義を発展させていかなければなりません。民主主義をたくましく発展させることが、災害に対し強靭な社会をつくることにつながります。本書がその一助となれば幸いです。

1 毎日新聞「台風19号経済損失　世界の災害で最大　昨年」2020.2.19

目次

第1章

水害対策における堤防強化の重要性

あいつぐ堤防の決壊

大雨でどのような被害が発生しているか

近年、「記録的な大雨」が毎年のように発生し、堤防の決壊があいつぎ、川の氾濫による深刻な被害が後を絶ちません。この5年ほどをさかのぼり振り返ってみましょう。

まず、2015年9月の関東・東北豪雨では、鬼怒川の堤防が決壊するなどし、常総市等で家屋の倒壊・流失や広範

［図表1］西日本豪雨（2018）で堤防が決壊した高梁（たかはし）川水系小田川

囲・長期間に及ぶ浸水被害が発生しました。

2016年には北海道・東北を台風が襲い、堤防が決壊するなどし、要配慮者利用施設で入所者が亡くなるなどの被害が発生しました。北海道への3つの台風の上陸、東北地方太平洋側への上陸は、それぞれ気象庁が統計をとりはじめてから初めてのことです。死者24名、全半壊家屋は940戸にのぼりました。

2017年7月の九州北部豪雨では、桂川流域で堤防が決壊するなどし、死者42名、行方不明者2名、全半壊家屋は1434戸にのぼりました。

2018年7月の西日本豪雨では、広範囲で記録的な大雨となり、堤防が決壊するなどし、死者224名、行方不明者8名、住家の全半壊等21,460棟、住家浸水30,439棟のきわめて深刻な被害が発生しました[1]。西日本豪雨での発生被害額は1兆2,150億円と試算され、この年の水害被害額は1兆4,050億円で、統計開始以来最大の額にのぼりました[2]。

2019年の台風19号(東日本台風)では、74河川142箇所で堤防が決壊しました。死者行方不明者は90名を超えました。2019年の台風15号と台風19号(東日本台風)による経済損失は2兆円を超えるとの報告が、米国大手保険仲介会社によってされています[3]。

気候変動によって高まる水害のリスク

「記録的な大雨」が毎年のように発生している要因として、温室効果ガス排出量の増大による気候変動があげられます。

2015年、世界各国は気候変動によるリスクという共通の課題を解決するため、「パリ協定」を採択しました。パリ協定では、「産業革命前の水準から地球の平均気温上昇を2℃未満に抑制し、1.5℃に抑制することをめざす」という目標が設定されています。この目標を達成するには、今世紀中に、化石燃料の利用は実質ゼロ、温室効果ガスの排出も実質ゼロという世界をつくらなければなりません[4]。この厳しい目標を達成できたとしても、洪水の頻度は2倍に高まるという試算がされています[5]。

次節以下で述べるように、水害を防止、軽減するために必要な対策にはさまざまなものがありますが、まず、大前提として、わたしたちは、パリ協定の目標を達成して気候変動によるリスクを少しでも小さくしなければなりません。具体的には、化石燃料を利用する火力発電や使い捨てプラスチックの削減などに取り組む必要があります。そして、それと同時に、すでに避けられないものとなっている気候変動に対応する水害対策を進める必要があります。

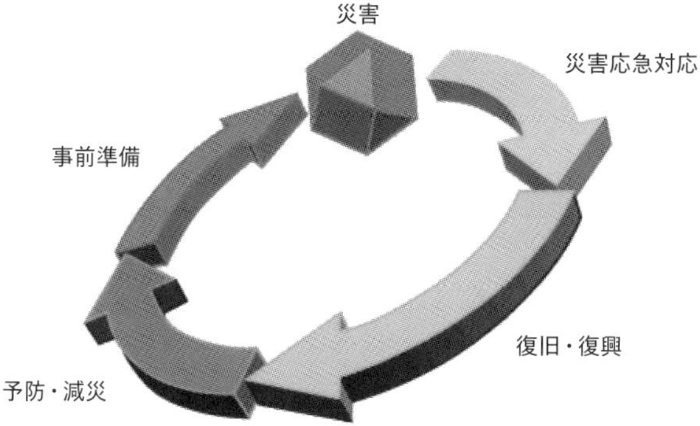

［図表2］災害サイクル。災害の局面に応じた対策が必要となる

水害対策の必要性と現状

水害の進行に応じた対策のメニュー

では、水害リスクへの対応のために、どのような対策が必要でしょうか。

水害などの災害への対応を考えるときには、「①事前防災→②災害発生・緊急対応→③生活再建・復旧→④復興」というように、災害の局面にそって検討する必要があります［図表2・災害サイクル］。このサイクルの各局面に応じて、さまざまな対策が必要となります。

①事前防災

まず、災害が発生する前から備えておく事前防災は、公共土木事業などの「ハード対策」と、それ以外の「ソフト対策」に分類されます。

川の氾濫による水害を想定した場合の「ハード対策」には、ダムや遊水池など「洪水をためる」対策と、堤防をつくったり、川の深さや幅を大きくすることによって「洪水を流す」対策があります。

「ソフト対策」には、ハザードマップをつくったり、避難計画を立てたり、危険な場所を利用することを規制するなどの対策があります。

また、大雨による水害は、川の氾濫以外に、市街地に降った雨が下水などではけきれずにたまってしまう「内水（ないすい）」氾濫によるものもあります。例えば、東京都では、これまでに発生した水害の多くは内水氾濫による被害です。内水被害については、排水ポンプの設置管理（ハード対策）や、内水氾濫を想定したハザードマップの作成（ソフト対策）などの対策が必要です。

②災害発生・緊急対応

災害が発生した直後の緊急対応として必要な対策にもさまざまなものがあります。避難所の運営、仮設住宅、炊き出し、支援物資の提供などが基本的な対策です。

③生活再建・復旧

被災した個人の生活をできる限り元に戻す生活再建のための対策として、再建資金の支援などが必要です。また、被災した土木インフラや公共施設などを元に戻す復旧も必要です。

④復興

生活再建・復旧が実現したとしても、なお残る課題を解決する「復興」の段階になります。まちづくりや産業の復興のための対策が必要になります。

対策に優先順位をつけなければならない社会的状況

このように、水害対策には、災害サイクルに応じて必要となるさまざまなものがありますが、これらの水害対策を、誰がどのように進めるべきでしょうか。

水害対策を行う主体には、個人(自助)・中間団体(共助)・政府(公助)がありえます。年齢や収入、健康状態などの理由で支援が必要な人たちも含め、誰ひとり取り残さないためには、政府による公助の役割がきわめて重要です。

しかし、一般的に、問題解決のために考えられる対策を政府がすべて行うには、「時間」「人」「お金」といったさまざまな制約があります。

「**時間**」……中央政府も地方自治体も、法(法律、条例など)や計画などに基づいて運営されています。「公助」を進めるための根拠となる法や計画をつくるためには時間がかかります。また、決められた法や計画を実施するためにも、時間が必要です。

「**人**」……人口減少・少子高齢化によって「人手不足」が起きています。鉱業・建設業の就業者は、今後、493万人(2017年)から288万人(2040年)と40％以上減少するという予測があり[6]、特に深刻な人手不足となることが心配されています。

「**お金**」……中央政府も地方自治体も財政難です。2020年度末の普通国債残高は932兆円となる見込みで、毎年20兆円以上が借金の返済に消えていきます[7]。日本政府は、これ以上将来世代の負担を重くしないため、国の収入と支出をバランスさせようとしていますが、うまくいかず、借金は増え続けています。

このように、時間、人手や予算などの資源は有限で制約がある中、適切に問題を解決するためには、対策に優先順位をつけて、戦略的に解決していくことが不可欠です。特に、公共事業については、老朽化インフラが増大しているという状況がありますから、優先順位を厳しくつけていかないと、笹子トンネル吊り天井落下事故や、原田橋崩落事故[8]のような悲劇が繰り返されてしまいます。老朽化インフラについて点検が行われた結果、緊急に対策が必要とされた施設は、橋梁69,051施設（点検対象717,391施設）、トンネル4,416施設（点検対象10,718施設）、堤防3,600km（点検対象14,300km）等とされています[9]。日本の社会状況は、考えられる対策をあれもこれも、すぐに実現できる状況ではない、ということが、どのような水害対策を行うかを考えるうえでの出発点になります。

なお、ここで気をつけたい点は、現在は、対策によって根拠となる法律が違ったり（河川法・災害対策基本法・災害救助法・被災者生活再建支援法など）、対策を決定する組織が違ったり（国土交通省・内閣府・厚生労働省・地方公共団体など）するために、全体の優先順位を検討しにくい点です。こうした課題を解決するために、将来的には、災害対策の全体を一元的にマネジメントする「災害対策庁」のような組織をつくることが考えられますが、当面は、複数の法律・組織に分散する対策を適切に調整することが必要となります。

また、政府が担うべき役割として、災害発生後の情報発信があります。今は、雨量など気象についての情報は気象庁、川の水位など川についての情報は国・自治体の河川事務所、鉄道の運行については鉄道会社、避難についての情報は市区町村、というように、いくつもの組織が情報を発信しています。わたしたち市民にとって、いくつもの情報源から情報をとり、分析して、いつどこにどのように避難するかを判断するのは、簡単なことではありません。この点についても、「ここの情報をみれば、自分が今いる場所がどの程度危険なのか、どのような行動をとれば命を守ることができるのか」がわかるような情報を発信する「災害対策庁」のような組織をつくることが解決策となりえます。

ダムさえあれば安心？

①「ためる」対策と「流す」対策

考えられる対策をあれもこれも、すぐに実現できる状況ではないなかで、時間・人・お金が優先的に投じられてきたのが、ダムやスーパー堤防です。新聞などで「ダムが水害対策として役立つ」という宣伝がされてきましたから[11]、ダムさえつくれば必ず氾濫を防げる、「ダムさえあれば安心」と思っている人も少なくないようです。

しかし、残念ながら、川の上流にダムがあれば堤防が決壊しないという関係は成り立ちません。2015年に堤防が決壊した鬼怒川の上流には4つのダムがありました。また、2018年に堤防が決壊した肱川（ひじかわ）の上流には2つのダムがありました。いずれも、堤防の決壊を防ぐことはできませんでした。

ダムの機能は、洪水を一時的に「ためる」ことによって、川の水位を下げる、というものです。下流の水位があがったタイミングで「ためる」ことができれば、氾濫を防止することにつながります。しかし、大雨はどこでどれだけの間降るかわかりません。大雨がダムの上流以外のところで降ったり、ダムに洪水を「ためる」タイミングが下流の洪水のピークとずれてしまうと、ダムによる氾濫の防止は実現しません。

他方で、洪水があふれることを防止する対策としては、堤防を高くしたり、川を浚渫（しゅんせつ）したり川底を掘削（くっさく）したりして、洪水を「流せる」量を増やすという方法もあります。洪水を「流す」対策は、雨がどこでどれだけの間降るかにかかわらず、着実に氾濫の危険度を下げることができます。さらに、後述のとおり、堤防を強化して、洪水が堤防を越えても堤防が決壊しないような対策をとっておけば、大量の水が一気にあふれて人命が失われる被害を防ぐことができます。

ダムは水害対策として全能ではありませんし、唯一の解決策でもありません。考えられる対策をあれもこれも、すぐに実現できる状況ではない中でダムをつくるということは、有効であることが明らかな洪水を「流す」対策を後回しにすることを意味します。

②八ッ場ダムが利根川を救ったという誤解・デマ

2019年の東日本台風のときには、ネット上に「八ッ場ダムが利根川を救った」との風説が飛び交い、安倍首相は2020年通常国会の施政方針演説で「八ッ場ダムが役に立った」と断言しました。

しかし、八ッ場ダムが利根川を救ったというのは誤解であり、ある時期以降のものは根拠のないデマです。

東日本台風当時、八ッ場ダムは、本格運用前の「試験湛水」の段階で、ダムが「空っぽ」に近い状態だったため、大量の水をためることができました。ツイッターではダムが大量の水をためこんでいく動画が多くの人に見られ、ダムが水害を防いだと誤解した人たちから賞賛の声があがりました。

しかし、その後の国土交通省の発表によると、国土交通省は個別のダムの効果は計算しておらず、八ッ場ダムがどの程度水位を下げたかはわかっていません。わかっていることは、八ッ場ダムを含む7つのダムが下流の水位を合計約1メートル下げた可能性がある、ということのようです。たまたま大きな空き容量があった八ッ場ダムによる効果を含めても、7つのダムが水位を下げたのは合計約1メートルに過ぎないということです。おそらく、7つのダムの効果を計算する過程で、個別のダムが水位を下げた数字についても試算されているはずですが、その数字は公表されていません。そして、当時、下流の水位は堤防の1メートル以上下でしたから、「約1メートル」の水位低下がなくても、堤防の高さを超える水位にはなりませんでした。したがって、八ッ場ダムがあってもなくても洪水の水位は堤防を越えなかったのであり、八ッ場ダムが氾濫を防いだことにはなりません。

東日本台風は、スーパー台風といわれ、広範囲に大雨を降らせました。しかし、利根川では堤防整備や河道掘削など、川が流れる道である「河道」で流せる水の量を増やす「河道整備」が進んでいたため、この大雨で発生した洪水を河道だけで流すことができる状況でした。利根川流域を救ったのは、八ッ場ダムではなく、地道な河道整備だったということです。

しかも、非常に幸運だったのは、八ッ場ダムが本格運用前の「試験湛水」の段階だったため、本来より多くの水をためられたということです。これがもし本格運用の段階であれば、八ッ場ダムには水害防止のための容量が存在せず、短時間で治水機能を失うような事態となっていたかもしれません。八ッ場ダムの水害防止効果は「季節限定」です。毎年7月から10月5日までは水害防止用の空き容量がありますが、それ以外の「非洪水期」は、水害防止のために水を空けておく容量はないことになっています。東日本台風の雨は、この「非洪水期」に発生しましたから、もし本格運用後であれば、あれほど多くの水をためることはできず、早々に洪水調節機能を失って、ダムからの越流を防ぐための「緊急放流」をしていた可能性が高いといえます。

③地下神殿と総合治水

東日本台風の後、八ッ場ダムとならんで話題になったのが「地下神殿」とよばれる首都圏外郭放水路です。これは、いわば地下に水をためる「地下ダム」をつくって、都市部を流れる中小河川(中川・綾瀬川)の氾濫を防止・低減するものです。もともと「慢性的な浸水地帯」であった地域に下水をためる地下ダムをつくることで、浸水被害を従来より抑えられるようになったとされています。しかし、地下神殿がつくられたことで浸水被害がゼロになったわけではありません。それにもかかわらず、「地下神殿ができたから安全」ということで地域の開発が拡大されてしまいました。今後の雨の降り方や地下ダムの運用によっては、大きな被害が発生するおそれもあります。

この地下神殿の建設に投じられた事業費は約2,300億円。当初は約1,100億円とされていましたが、難工事のため倍増し、完成も予定より6年遅れました。事業費も完成時期も見込み違いだったことは、今後の教訓とされなければなりません。

この事業は、1977年に「洪水氾濫のおそれのある区域」等では「水害に安全な土地利用方式を設定する」ことなどを審議会が答申し、これを受けて始まった「総合治水対策」の一環です。危険な土地は利用しないようにする、ということをめざした政策が、いつの間にか危険な土地利用を促進するものになってしまったといえます。残念なことです。

「国土強靱化」は国土を脆弱にする

ところで、現政権は、「国土強靱化」というスローガンを掲げ、防災・減災を強力に進めるという姿勢を強調してきました。

国土強靱化の名のもとに防災・減災を進めるとされてきたのに、なぜ全国で堤防の決壊があいついでしまうのか、不思議に思う方もいるかもしれません。

「国土強靱化」政策が堤防の決壊を防げない原因は、国土強靱化に関する政策決定のしくみにあります。

「国土強靱化」のしくみは、課題の全体像を把握して解決策を比較検討して決定していくというものではなく、課題を細切れにして、もともと計画されてきた道路事業などの看板をかけかえて計画にいれこみ、予算をつけていくとい

［図表3］「看板政策」としての国土強靱化

うものです。2013年に基本法ができ、この法律にもとづいて国土強靱化計画という計画がつくられるようになりました。2018年につくられた国土強靱化計画には、「リニア中央新幹線の推進」「高速道路の整備」「新幹線の整備」など、昭和時代の夢の計画が含まれています。率直なところ、リニア新幹線や高速道路の整備がなぜ防災・減災と結び付くのか、私にはわかりません。

計画のなかには、老朽化インフラのメンテナンス(維持管理・更新)のように、喫緊の課題も含まれていますが、いくつもある対策のなかに埋没してしまっており、本来必要とされる予算(4兆円程度)がつけられていません。その結果、将来的に必要なメンテナンス費用の推計値は、2013年当時より2018年時点の方が大きくなってしまいました。すなわち、2023年度時点で必要なメンテナンス費用は、2013年の推計では最大5.1兆円とされていましたが、2018年の推計では最大6.0兆円とされています。今後、きちんと予算をつけていかないと、必要なメンテナンス費用はさらに

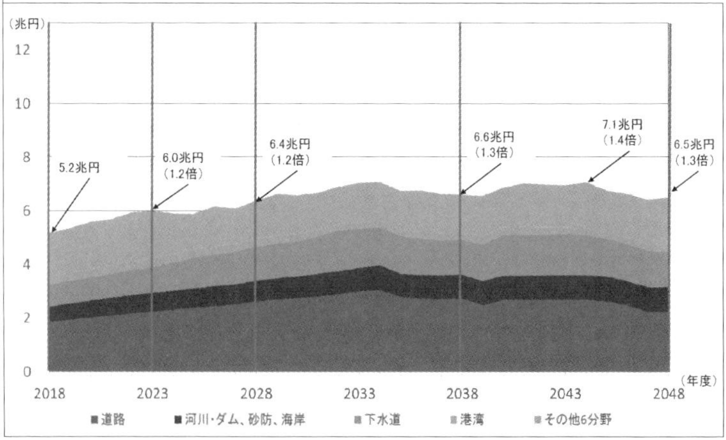

[図表4] メンテナンス費用が足りていない——今後、メンテナンス費用を5兆円以上まで増やしても、必要なメンテナンス費用は増大していく

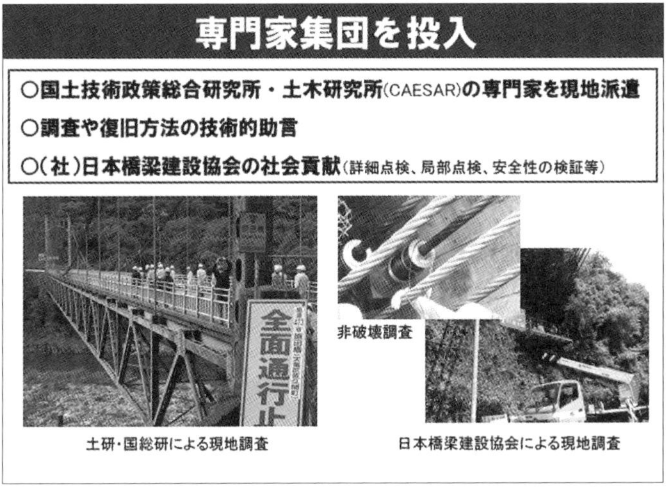

専門家集団を投入
○国土技術政策総合研究所・土木研究所(CAESAR)の専門家を現地派遣
○調査や復旧方法の技術的助言
○(社)日本橋梁建設協会の社会貢献(詳細点検、局部点検、安全性の検証等)
非破壊調査
土研・国総研による現地調査
日本橋梁建設協会による現地調査

［図表5］2015年に崩落した静岡県・原田橋は、国交省が専門家を投入した「肝いり」事例だった

ふくらんでしまうでしょう。5年以内に修繕が必要な橋・トンネルのうち、8割が未着手という衝撃的な数字もあります[11]。

考えられる対策をあれもこれも、すぐに実現できる状況ではない中で、優先順位をつけずに時間・予算・人を投入していくと、課題が解決しないばかりかどんどん拡大していってしまう。このことを明らかにしたのが、「国土強靱化」という「政策」といえます。

堤防の強化が重要である4つの理由

水害対策のうち、もっとも優先順位の高い対策のひとつが、洪水による堤防の決壊を防ぐ「堤防の強化」です。堤防を壊れにくくする「堤防の強化」を図ることによって、大量の洪水が急激にあふれ、広範囲かつ長時間に及んでしまう事態を防ぐことができます。しかし、現状では、「堤防の強化」は水害対策のメニューから消されてしまっており、その重要性があらためて共有される必要があります。

以下、堤防の強化が重要である4つの理由を少し詳しく

［図表6］ 土を盛っただけの「土堤」は越水に弱い

［図表7］ 越水破壊が起こるしくみ

［図表8］2015年の鬼怒川堤防決壊は、決壊部分の家屋を押し流した

説明します。

理由①……堤防の決壊は「あふれるだけ」の氾濫より深刻な被害をもたらす

日本の堤防は、「堤防は土を盛ってつくる」という「土提(どてい)原則」[12]にしたがってつくられてきました。

大雨で川の水位があがり、洪水が堤防を越えると（越水）、水流が堤防の住宅地側の盛土斜面（裏法面(うらのりめん)）をえぐり、やがて堤防が壊れてしまいます。これが越水による堤防の決壊（越水破壊）という現象です。堤防が決壊する原因には、越水破壊のほかにも、洪水が堤防の盛土の弱いところから浸透することによる破壊（浸透破壊）もありますが、堤防決壊の原因の8割程度は越水破壊だといわれています。

コンクリートの堤防や堤防の表面をブロックなどで覆って補強した堤防などと違い、土を盛っただけの土提は、堤防を越えて流れてくる水の力でえぐられやすく、壊れやすいのです。

堤防が壊れずに洪水があふれるだけの氾濫は、洪水が増えた分が徐々にあふれることになります。これに対し、堤防が決壊してしまう場合の氾濫は、より危険なものです。堤防が決壊してしまうと、それまで堤防の中で流すことができていた洪水も含め、大量の水が一気にあふれてしまいますから、急激な浸水によって人命が失われることにつながります。また、川の水位が下がった後も、堤防が復旧するまで長時間にわたって川の水が流れ出すことにより、被害がさらに深刻化します。

理由②……予測可能性――堤防の決壊する場所はある程度予測できる

堤防決壊の原因の多くは、洪水が堤防を越えることによる「越水破壊」です。したがって、堤防が決壊しやすい場所とは、水位が上昇して洪水が堤防を越えそうな場所だということになります。一般的に、川幅が狭くなる「狭さく部」、川の上流部、本流と支流の合流部、川が湾曲する部分など

加古川の事例（模式図）

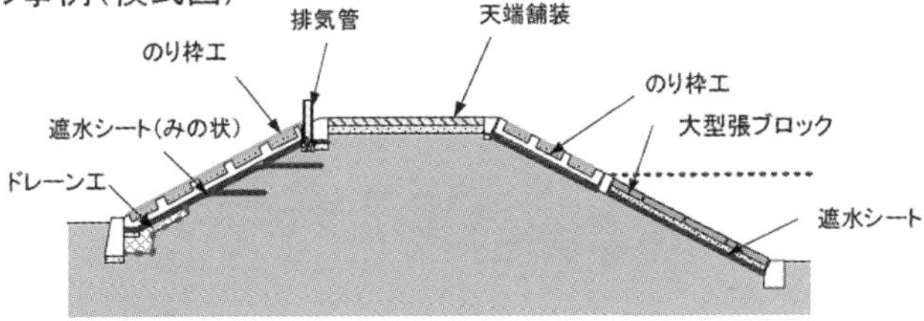

那珂川の事例（模式図）

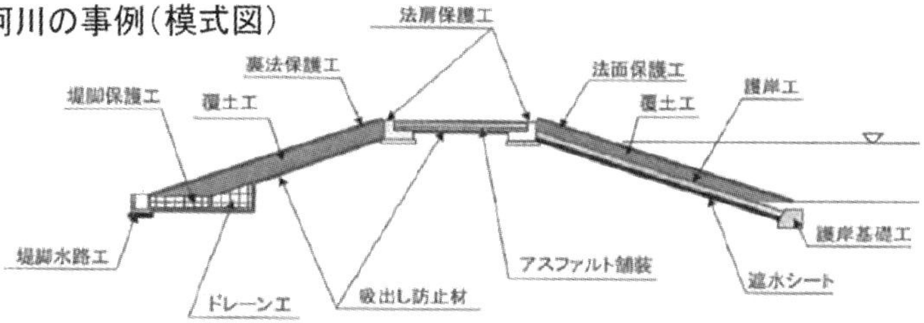

［図表9］ 決壊しにくい堤防。堤防斜面（裏法面）が補強されている

は、水位が上昇しやすい場所とされています[13]。朝日新聞の調査によると、東日本台風で決壊した堤防の場所の8割が、本流と支流の合流点から約1kmの範囲にありました[14]。

このように、堤防が決壊しやすい場所はある程度類型化して予測することができますから、全国で約1万kmあるといわれる堤防をすべて強化することは難しいとしても、決壊しそうな場所から対策をとることで、水害を低減することができます。

理由③……回避可能性──「決壊しにくい堤防」の開発

堤防の決壊は、堤防を決壊しにくくする対策（越水対策）をとり、堤防を強化することによって、避けることができます。

越水しても決壊しにくい堤防の技術は国によって研究され、開発された「決壊しにくい堤防」の技術は、アーマーレビー、フロンティア堤防等と名付けられ、いくつかの川で実施されてきました。

「決壊しにくい堤防」のポイントは住宅地側の法面（裏法面）の強化です。越水破壊は、堤防を越えた洪水が裏法面をえぐることによって起こるので、裏法面を遮水シート等で覆って、えぐられにくくすることが重要です。

アーマーレビーの工事にかかる費用は、高さ10mの堤防で、1mあたり100万～150万円程度といわれています。同じく堤防強化の技術であるスーパー堤防の費用は、1mあたり4,000万～5,000万円[15]であることと比べ、費用面からも現実的な対策です。

開発された「決壊しにくい堤防」は、広島県・馬洗川（ばせんがわ）、茨城県・那珂川（なかがわ）などで実施されています［図表10］（ただしこれら

アーマーレビー

河川名		所在地市町村	施工時期	施工延長
水系名	河川名			
石狩川	美瑛川	北海道上川郡美瑛町	平成元年度〜平成11年度	4.6km
留萌川	留萌川	北海道留萌市	平成2年度〜平成3年度	2.9km
雄物川	雄物川	秋田県大仙市	平成2年度〜平成6年度	1.6km
加古川	加古川	兵庫県加古川市	昭和63年度〜平成7年度	3.4km
江の川	馬洗川	広島県三次市	平成2年度〜平成9年度	0.8km

フロンティア堤防

河川名		所在地市町村	施工時期	施工延長
水系名	河川名			
那珂川	那珂川	茨城県水戸市、ひたちなか市、那珂市	平成10年度〜平成15年度	9.0km
信濃川	信濃川	新潟県長岡市	平成2年度〜平成11年度	1.5km
雲出川	雲出川	三重県津市	平成8年度〜平成11年度	1.1km
筑後川	筑後川	福岡県久留米市	平成8年度〜平成13年度	1.1km

［図表10］「決壊しにくい堤防」の実施例

は「試験施工」とされています）。

理由④……水害対策として認められていない

　このように、「決壊しにくい堤防」は、深刻な被害を避けるためにきわめて重要な対策ですが、ある時期を境に、水

三次河川国道事務所
Miyoshi Office of River and National Highway

事務所・支所・出張所の連絡先 | サイトマップ | Q&A

○ WWW を検索 ◉ サイト内検索 [ ] 検索

ホーム | 川づくり | 道づくり | ダムかんり | 公園づくり | 防災情報 | 規制情報

川づくり
Miyoshi Office of River and National Highway

ホーム > 川づくり > 堤防等整備事業

堤防等整備事業

築堤・護岸整備の概要

江の川は、昭和28年(1953)から直轄事業として改修を進めてきたが、昭和47年7月豪雨災害(1972)により、全地域にわたって壊滅的な打撃を被った。被災後の災害復旧や河川改修においては、治水安全度の向上を目指し、鋭意事業展開を行っているが、その後に発生した災害や、管理区間に比して対応箇所の多い地形的制約にもより、未だに多くの箇所が改修途上、または未改修の状況にある。三次工事事務所では、平成元年度より「江の川水系段階施工計画」の策定を図り、上下流の改修バランス、効率的な改修を行うことを目指している。

一方で、社会、経済の高度化に伴い大規模な水害や土砂災害による交通・通信・ライフラインなどの都市機能の長期の麻痺は、計り知れない影響を被災地域の日常生活・社会経済に与えることは明らかであり、壊滅的な水害や土砂災害等の発生は許されない状況にある。

さらに、阪神・淡路大震災のような大規模な自然災害にも対応できるよう、災害の発生を未然に防止するだけではなく、災害に対してしなやかに対応し、生じる災害を最小化するという視点に立った「減災対策」を重視する必要がある。

このため堤防・護岸構築においては、破堤をできるだけ防ぎ、災害を最小限にとどめるために、大洪水でも破堤しないスーパー堤防や、越水、浸透への耐久性が高いフロンティア堤防の整備、及び大地震等により堤防が沈下して浸水した場合の壊滅的な被害の防止のための河川堤防の耐震性向上対策を推進することが治水計画の大綱として謳われている。

現在、三次河川国道事務所では、管内の整備対象地域において、広島県、および江の川流域市町村の行政機関と連携をとり、地域住民の方々の理解と協力を得ながら、大洪水に対する耐力を有するまで嵩上げした護岸の整備やフロンティア堤防の整備を推進している。

アーマーレビーによる堤防補強

江の川水系について
- 江の川流域の概要
- 江の川治水計画とその変遷
- 江の川河川整備基本方針
- 江の川河川整備計画

江の川における近年の主な災害
- 昭和47年7月豪雨災害
- 昭和58年7月水害
- 平成18年7月水害
- 平成18年9月水害
- 平成22年7月豪雨

江の川における治水対策
- 堤防等整備事業
- 水防災対策特定河川事業
- 内水対策事業
- 災害復旧事業
- 河川防災ステーション整備事業
- 河川改修事業／土地利用一体型水防災事業

江の川における河川環境
- 江の川水系の水質
- 河川環境の保全(環境学習関係)
- 河川環境整備事業

[図表11]「堤防を洪水が越水した場合に備え、堤防補強対策として、「アーマーレビー」を施工した」ことを紹介する河川事務所のウェブサイト(頁に続く)

事業の概要

三次市十日市地区は、江の川(本川)、馬洗川、西城川が合流し、通称「三川合流部」といわれる三次市街地のほぼ中心地に位置している。この地区には以下のような地形的特徴がある。

- 馬洗川が大きく湾曲している
- 馬洗川にほぼ同規模の支川である西城川が直角に近い角度で合流している
- 市街地を控えており人家が連坦している

また、この地区は古くから洪水による災害に見舞われており、特に昭和47年7月豪雨災害(1972)では、この地区において2ヵ所が破堤し、市街地の大部分が浸水するという大きな被害を被った。

昭和47年7月象雨災害による三次市十日市地区破堤状況【昭和47年(1972)7月21日】

国土交通省は災害復旧に伴う河川改修を促進し、堤防・護岸を概成させるとともに、何らかの原因でもし堤防を洪水が越水した場合に備え、堤防補強対策として、「アーマーレビー」を施工した。

事業の経緯

平成2年度より事業着手となり、計画検討を行い、施工性・経済性を考慮し、遮水シート・ふとんかごを堤体内に取り入れ、また景観面を考慮して、裏法は張芝による緑化を基本構造とすることとした。

これに基づき、初年度、馬洗川左岸(0K800)において築堤、天端舗装工(L＝60m)を行った。

翌平成3年度から9年度にかけて、前年度に引き続き、順次施工区間を馬洗川上下流方向に伸延させ、平成9年度に一連区間約800 m(0K200～1K000)の完成となった。

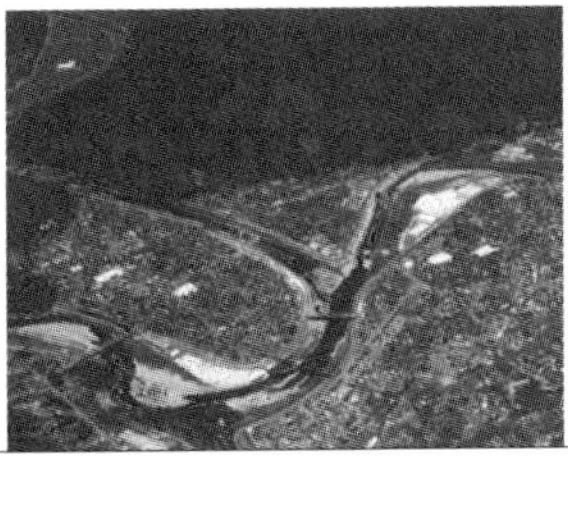

害対策のメニューから消されてしまいました。

「決壊しにくい堤防」の技術は、国土交通省が研究を進め、2000年にはこれを普及させるための設計指針がまとめられました。ところが、設計指針がまとめられたわずか2年後の2002年、設計指針から「決壊しにくい堤防」の記述が削除されてしまいます[16]。それから約20年が経過し、例えば利根川の水害対策計画には「決壊しにくい堤防」は書きこまれていません。2020年1月には「決壊しにくい堤防」の技術についての検討がされましたが、「決壊しにくい堤防」が実際に水害対策の計画に書きこまれるようになるか、確証は見通せません。

ここに、わたしたちが「決壊しにくい堤防」について考えなければならない理由があります。

【第1章まとめ】

①近年、記録的な大雨により、人的な被害、経済的な被害をもたらす水害が多発している。気候危機により、大雨の発生は今後も続くとみられている。

②水害を防止・軽減するための対策が必要だが、必要な対

策は水害の局面に応じていくつもある。他方で、必要な対策をすべて行うには社会的な制約があり、対策に優先順位をつけて実現していかなければならない。
③水害対策のなかでも、堤防を決壊しにくくする「堤防強化」(越水対策)は、洪水が大量にあふれて水害が深刻化してしまうことを防ぐことができるもので重要性が高く、1990年頃から研究・実施されていたが、2002年に研究成果自体が消されてしまった。この対策を早急に復活させる必要がある。

1 気候変動を踏まえた治水計画に係る技術検討会「気候変動を踏まえた治水計画のあり方提言」令和元年10月
2 国土交通省令和2年3月24日プレスリリース。ここでの「水害」には洪水、内水、高潮、津波、土石流、地すべり等を含み、「被害」の内訳は資産や公共土木施設などの直接的な被害である。
3 毎日新聞「台風19号経済損失　世界の災害で最大　昨年」2020.2.19
4 平田仁子「平田仁子と読み解く、パリ協定後の気候変動対策」『地球温暖化』2016年5月
5 注2に同じ
6 国土交通省『令和2年版　国土交通白書』
7 財務省ウェブサイト https://www.mof.go.jp/tax_policy/summary/condition/a02.htm
8 2015年1月31日、静岡県・佐久間ダム下流にある原田橋が崩落し、橋を点検していた浜松市職員2名が亡くなった事故。
9 国土交通省『令和2年版　国土交通白書』
10 国土交通省から埼玉新聞、上毛新聞、茨城新聞に対して、2009年度・2010年度に少なくとも6,400万円の広告費が使われた。中島政希『崩壊　マニフェスト　八ッ場ダムと民主党の凋落』平凡社、2012
11「5年内に要修繕8万カ所　橋・トンネル老朽化、8割未着手」朝日新聞朝刊 2020.1.10
12 河川管理施設等構造令19条で「堤防は、盛土により築造するものとする。」とされ、これが「土提原則」とよばれている。しかし同条但書で「土地利用の状況その他の特別の事情によりやむを得ないと認められる場合においては、その全部若しくは主要な部分がコンクリート、鋼矢板若しくはこれらに準ずるものによる構造のものとし、又はコンクリート構造若しくはこれに準ずる構造の

胸壁を有するものとすることができる。」として、例外も認められている。

13 令和元年台風第19号の被災を踏まえた河川堤防に関する技術検討会資料（第2回資料4）

14「堤防決壊　8割が合流点」朝日新聞 2019.11.8

15 2017年に完成した江戸川区北小岩のスーパー堤防は1mあたり約3,900万円、計画中の江戸川区篠崎のスーパー堤防は1mあたり5,600万円である。嶋津暉之「スーパー堤防の基本的問題点に関する意見書」2016

16 宮本博司「淀川における河川行政の転換と独善」宇沢弘文ほか編『社会的共通資本としての川』東京大学出版会、2010

ハザードマップは、わたしたちが利用する土地の災害リスクについての情報をあたえてくれます。2020年8月からは、土地や建物の取引における重要事項説明の際に、ハザードマップを示して取引物件の位置を説明すべきこととなりました。土地や建物を購入する人が、より災害リスクの低い物件を選ぶことによって、災害リスクの高い物件を

コラム

ハザードマップのつかいみち

利用することによる被害が減ることが期待されます。

ここで気になるのは、ハザードマップに示されている情報のなかみです。私が住んでいる東京都江東区で配布されているハザードマップをみてみると、「想定しうる最大規模」の洪水を前提してつくられていました。周辺一帯が床上まで浸水する地図となっているので、これを土地や建物を買うときに見せられても、「大雨の時には浸水するけど、その時はその時かな」という感覚になってしまい、「どこがより安全か」という思考に結びつきにくいかもしれません。

ハザードマップについて定める法律(水防法)では、想定される最大規模の災害を想定してハザードマップを作成すべきこととしているので、多くのハザードマップは江東区のようなハザードマップとなっているものと思われます。

これに対し、滋賀県のウェブサイトに掲載されている「防災情報マップ」は、「最悪の場合」だけでなく、より発生しやすい水害の場合に、土地の区画ごとに、どの程度の浸水があるか、床下浸水の発生確率はどのくらいか、床上浸水は……と、具体的な被害を想像し、被害を避けるための具体的な行動をとりやすいつくりとなっています。ハザードマップのあり方を考える上で参考になります。

また、そもそも、災害リスクの高い土地建物を人が利用できるということでよいのか、という問題もあります。2020年6月、都市計画法が改正され、災害によって重大な被害の発生が想定される「レッドゾーン」の利用制限がこれまでより拡大されることになりました。ただ、この改正が実施されるのは2年程度先になるかもしれないとのことです。特に避難行動をとることが難しい高齢者など災害弱者が利用する施設が危険な場所に建てられないよう、早期の実施が望まれます。

ハザードマップについては、災害リスクを知るだけではなく、具体的な避難行動を考えられるような内容とすべき、という専門家の指摘もあります。避難所の場所だけが示されても、自分が避難すべき場所はどこなのか、そもそも避難所へ避難すべきなのか自宅の2階にいる方が安全なのか、地図を見るだけでは判断が難しいかもしれません。災害が起こる前に住民が避難行動等について相談できる相談窓口をもうけるなど、災害リスクについてコミュニケーションをとれる行政サービスが必要と考えられます。

第2章

重要な水害対策が消されてしまう日本の政策決定プロセス

「決壊しにくい堤防」はなぜ消されたのか

「消された堤防」

2020年2月、『日経コンストラクション』という雑誌に「消された堤防」という特集が組まれました。この特集は、「決壊しにくい堤防」の重要性や、これが設計指針から「消された」経緯などを20頁にわたって取りあげ、「国交省は堤防を巡る過去の判断を振り返り、越水を考えた構造の研究を深めなかった年月を謙虚に受け止めなければならない」と指摘し、「決壊しにくい堤防」をきちんと法令で位置づけるなどして「河川行政を大転換すべき時機は、既に到来している」と結ばれています。『日経コンストラクション』という土木業界向けの雑誌で「決壊しにくい堤防」の復活を求める特集が組まれたことは、「決壊しにくい堤防」が水害対策としてきわめて重要と認識されつつあることを示しています。

国も2020年2月から「決壊しにくい堤防」を水害対策として復活させるかどうかについて検討を行いましたが、今のところ、これが本格的に復活して水害対策の計画に書きこまれる確証はありません。

鬼怒川の堤防が決壊した2015年の関東・東北豪雨の後、堤防を決壊しにくくすることについての検討が行われましたが、「決壊しにくい堤防」の一部が「危機管理型ハード対策」として整備計画に盛り込まれるにとどまりました。一部でも計画が改善されたことは重要ですが、肝心の「裏法面(うらのりめん)の補強」はとりいれられず、「決壊しにくい堤防」がフルスペックで復活するには至っていません。

そして盛土をしただけの堤防が決壊する——千曲川の桜堤

2019年の東日本台風では、千曲川の堤防が決壊し、長野県長野市・長沼地区で2名の住民が亡くなりました。もともと、地区の人たちは長野市に対して、「堤防を強化してほしい」と求めていました[1]。これに対し、行政から提案されたのが「桜堤(づつみ)」という、「堤防に盛土を追加し、追加した盛土に桜を植える」工法だったそうです。住民のなかには、「土の堤防の表面をコンクリートで強化しないと、盛土を追加しただけでは地域は守れない」と考えて、桜堤の整備に反対し、堤防が越水に耐えられるよう補強する対策をしてほしいと意見を出した人もいました。しかし、この意見は反映されず、盛土をしただけの堤防が2017年に完成し、2019年の東日本台風で決壊しました。

その後、改めて堤防の強化を求める声が地域からあがり、2020年3月、決壊した千曲川の堤防は、1kmの区間について、裏法面を含め、堤防全体をコンクリートブロックで覆うことになりました[2]。

鬼怒川の堤防決壊も、千曲川の堤防決壊も、「決壊しにくい堤防」が水害対策のメニューから消されていなければ、避けられたかもしれません。

「決壊しにくい堤防」が水害対策のメニューから消された理由について、国は、堤防を決壊しにくくする機能についての技術的知見が不明だから、と説明しています[3]。

しかし、技術的知見が不明なのであれば、技術的知見が明らかになるように研究を続ければよいことで、それまでの研究成果をなかったことにしてしまう理由にはなりません。ですから、「決壊しにくい堤防」が設計指針から「消された」のは、「将来のダム計画の支障になるからではないか」と、その理由をいぶかる声[4]があがっています。実際、「決壊しにくい堤防」の研究成果が消された真の理由は、ダム建設を進めるためであることをうかがわせる事情があります。「決壊しにくい堤防」を本格的に復活させるには、それが消されてしまった要因こそを消していかなければなりません。

次項では、決壊しにくい堤防とダム建設との関係について、私がダムを巡る裁判をつうじて知った事実をいくつかご紹介し、「決壊しにくい堤防」が消されてしまった本当の理由について考えてみたいと思います。

なぜ「決壊しにくい堤防」は消されたのか①
——ダムとの関係

①ダムをつくって堤防決壊を防げるか
——ダムによる水害対策の効果と限界

ダムは、洪水を「ためる」ことによって、下流の水位を下げ、氾濫を防止・軽減することに役立つといわれています。例えば、2020年3月に完成した群馬県・八ッ場ダムは、200年に1度の確率で発生するような大雨による洪水に対し、その一部を一時的に「ためる」ことによって、下流の水位を下げ、水害を防止・軽減するとされています。

ダムの水害防止・低減効果について注意が必要なのは、この効果が「不確実」で「限定的」であるということです。

まず、ダムの効果が「不確実」であるという理由は、ダムが水害防止に役立つかどうかは、大雨の降る「場所」によって左右されるからです。例えば、かつて利根川流域に大きな被害をもたらしたカスリーン台風について、八ッ場ダムの水害防止効果はゼロという試算がされています[5]。これは、カスリーン台風の大雨が八ッ場ダムの上流以外の場所で発生したため、大雨による水位の上昇について八ッ場ダムは効果を発揮しなかった、ということを意味します。大雨がどこに降るかによって、ダムの効果が発揮されることもあれば、発揮されないこともある。これが、ダムの効果は「不確実」といわれる所以です。

次に、ダムの効果が「限定的」であるという理由ですが、これは、ダムが水害防止に役立つかどうかは、大雨の「量」「降り方」によって決まるからです。例えば、2019年の東日本台風では、八ッ場ダムの上流でも大雨が降りました。しかし、この時の大雨によって発生した洪水の水位は、第1章で説明したとおり、ダムがなくても氾濫しない程度でした。利根川では堤防整備などの洪水を「流す」対策が進んでいたため、相当大量の洪水を氾濫させずに流すことができたのです。このように、大雨によって発生した洪水のピーク（最大値）が、下流の堤防を超える水位に達しないような場合には、ダムによって水位を下げる必要がそもそもありませんから、ダムが下流の水位を下げたとしても、そのことは水害防止・低減に無関係ということになります。

他方で、洪水が大きすぎても、ダムの水害防止・低減効果は発揮されません。ダムが「ためる」ことができる水の量は無限ではありません。ダムが「ためる」ことのできる量を超える量の洪水が発生した場合には、ダム管理者は、ダムに流入する量と同じ量を放流する操作（異常洪水時防災操作、いわゆる「緊急放流」）を行うことになります。こうなると、それ以後、ダムは洪水を「ためる」ことができなくなり、下流の水位のピークをカットする効果を発揮できなくなります（下流の水位のピークは、ダム地点の洪水のピークとずれることもありますが、仮に、下流の水位のピークが緊急放流による洪水が到達するタイミングと重なれば、水害が拡大することにつながります）。

このように、ダムが水害防止に役立つのは、大雨の「量」「降り方」によって、川の水位が下流の堤防を越えるような洪水が発生し、かつ、洪水の量がダムの容量を超えない場合に限られます。したがって、ダムの効果は「限定的」といえるのです。

以上のとおり、ダムの水害防止・低減効果は「不確実」で

「限定的」ですから、「ダムをつくって堤防の決壊を防げるか」という問いに対する答えは、「防げるかもしれないし、防げないかもしれない」ということになります。ダムの建設には長い時間、多額の費用、多くの人手がかかりますから、優先順位をきちんとつけないと、仮にダム建設を後回しにして洪水を「流す」対策に集中していれば堤防の決壊を防げたのに、ダム建設を優先して「流す」対策への投資を減らしたために洪水が堤防を越え、堤防が決壊してしまう、ということもありえます。「優先順位」をきちんとつけるためには、限られた時間・予算・人手のもとで、「ダムをつくった場合」と「ダムをつくらず、他の対策に集中した場合」それぞれの効果を予測・調査・評価し、比較検討することが不可欠です。

②堤防が決壊しにくくなるとダムの「効果」が小さくなる ——秋田県成瀬ダム

さて、ダムの効果が不確実かつ限定的であることをふまえて考えると、「決壊しにくい堤防」が設計指針から消された本当の理由が、「将来のダム計画の支障になるから」であることをうかがわせる事実を2点指摘することができます。

1点目は、「決壊しにくい堤防」が設計指針から消されるまでに起こった事実の経過です。

「決壊しにくい堤防」が設計指針に盛り込まれたのは2000年のことでした。

2001年、「東の八ッ場、西の川辺」といわれ大規模ダムの代表格であった熊本県・川辺川ダムについて、市民から代替案が提出されました。堤防整備など洪水を「流す」対策をとれば、ダムを建設しなくても、より少ない費用で同等の水害防止効果が得られる、というのです[6]。

2002年、川辺川ダムによって大きな水害防止効果を得られるとされていた八代（やつしろ）地区に「決壊しにくい堤防」をつくる計画が消されてしまいました。しかも、時を同じくして、国の堤防設計指針から「決壊しにくい堤防」に関する記述がすべて消されてしまいました。

その後、川辺川ダムの必要性について、「八代地区の堤防の決壊を防ぐため」という説明がされています。一方では決壊しにくい堤防の計画を消し、一方では堤防の決壊を防ぐためにダムをつくるというのですから、マッチポンプといわれても仕方のないような話です。

こうした経過は、「決壊しにくい堤防」が設計指針から消された本当の理由が、「将来のダム計画の支障になるから」であることをうかがわせます。

2点目は、「決壊しにくい堤防」と「ダムの効果を示す数字」との関係です。

ダムの効果は、大雨によって発生すると想定される水害被害額を、「ダム建設前」「ダム建設後」と条件設定して試算し、「ダム建設前の想定被害額」(A)から 「ダム建設後の想定被害額」(B)を差し引いた差額(A－B)が、「ダム建設によって減少する被害額」すなわちダムの効果と評価されます。

例えば、秋田県・雄物川(おものがわ)に建設中の成瀬ダムについて2011年にされた試算は、次のようなものです。

仮に5年に1度程度の確率で発生する規模(確率規模1／5)の洪水によって発生する被害額を、

ダム建設前：約53億円(A)

ダム建設後：約41億円(B)

と試算し、成瀬ダムによって約12億円(A－B)の被害が軽減されることになっています[次頁上表]。この数字をみて、読者のみなさんは、どのようにお感じになったでしょうか。

注目していただきたいのは、

ダム建設後：約41億円

という計算値です。この計算は、雄物川では、成瀬ダムが完成しても、5年に1度程度の洪水で41億円の被害が出る

成瀬ダムの効果[7]　5年に1度程度の洪水で53億円の被害が出る河道を前提にダムの効果が大きく算出されている

	ダム建設前の想定被害額(百万円)	ダム建設後の想定被害額(百万円)	ダムによる被害軽減額(百万円)
1／5	5,326	4,129	1,196
1／10	21,912	20,783	1,129
1／20	78,753	65,273	13,481
1／30	313,587	229,098	84,489
1／50	481,477	352,266	129,211
1／100	662,113	592,461	69,652

成瀬ダムの効果　1／20の洪水で氾濫しない河道が完成した場合

	ダム建設前の想定被害額(百万円)	ダム建設後の想定被害額(百万円)	ダムによる被害軽減額(百万円)
1／5	0	0	0
1／10	0	0	0
1／20	0	0	0
1／30	313,587	229,098	84,489
1／50	481,477	352,266	129,211
1／100	662,113	592,461	69,652

ということが前提になっています。しかし、雄物川の整備計画では、長期的には100年に1度程度の洪水でも「流せる」河道を完成させるような目標が設定されています。ですから、この目標へ向かって堤防整備・河道掘削など「流

す」対策を進めていけば、5年に1度程度の洪水がダムなしで流せるようになり、10年に1度、20年に1度……の洪水も、ダムなしで流せるようになります。

仮に、今後、堤防の整備・強化や浚渫などの河道の整備が進み、20年に1度程度の洪水を氾濫させずに流せる河道が完成したとすると、「ダム建設前」でも水害による被害はゼロになります[前頁下表]。そうすると、当然、ダムによる被害軽減額もゼロになります(ダム建設前：0円－ダム建設後：0円＝被害軽減額0円)。

このように、河道の整備が進み、氾濫が起きにくくなればなるほど、想定被害額は小さくなり、ダムによる被害軽減額も小さくなります。そして、「決壊しにくい堤防」の整備も氾濫を起きにくくする対策であることに加え、ダムの効果の計算では川が氾濫すると堤防は必ず決壊するという条件設定がされていますから、その整備が進めば進むほど、ダムの効果についての計算値は小さくなります。

つまり、「決壊しにくい堤防」と「ダムの効果」を示す計算値との関係は、「決壊しにくい堤防」の整備が進むほど、ダムの効果として試算される被害軽減額の数字が小さくなり、ダムがつくりにくくなる、という関係にあるのです。堤防が決壊しにくくなるとダムの「効果」が小さくなるという関係は、「決壊しにくい堤防」が設計指針から消されてしまった本当の理由が、「将来のダム計画の支障になるから」であることをうかがわせます。

なお、ここで説明したような試算は、成瀬ダムだけでなく、全国のダムについて行われています。

なぜ「決壊しにくい堤防」は消されたのか②
――スーパー堤防との関係

前項では、「決壊しにくい堤防」とダムとの間には、決壊しにくい堤防が消されることによりダムがつくりやすくなるという関係があることを説明しました。

同じような関係は、スーパー堤防との関係においてもみられます。

スーパー堤防ときくと、2009年に発足した民主党政権による「事業仕分け」で、いわゆる「仕分け人」が唱えた「スーパー堤防はスーパー無駄遣い」というフレーズを思い出す方もいらっしゃるかもしれません。「事業仕分け」は、国のプロジェクトを棚卸しして、その必要性を検証し、「継続」「廃止」と「仕分け」するイベントです。この事業仕分けで、スーパー堤防は「廃止」と判定されました。しかし、実際には計画は廃止されず、東京都の江戸川区では2017年に長さ120メートルのスーパー堤防が43億円（1mあたり約3,600万円！）の巨費を投じてつくられました。

「事業仕分け」によって一躍有名になったスーパー堤防ですが、これがどのような堤防なのかはあまり知られていません。「スーパー」という言葉から「ものすごく高い堤防」をイメージする人もいるようです。

実際には、スーパー堤防は、堤防の高さを高くするものではありません。

スーパー堤防（正式名称は「高規格堤防」）は、図表12のように、堤防のまち側の斜面に、盛土をして、堤防の斜面をなだらかにする事業です。堤防の斜面がなだらかになるので、洪水が堤防を越えてもゆるやかに流れることになり、堤防の決壊を避けられるといわれています。

つまり、スーパー堤防の効果は、「洪水があふれないようにする」というものではなく、「洪水があふれたときに堤防が決壊しないようにする」というもので、「洪水があふれたとき」にはじめて効果が発揮されることになります。

注目していただきたいのは、国土交通省の説明［図表14］によれば、スーパー堤防は「堤防決壊を回避できる唯一の手法」とされている点です。

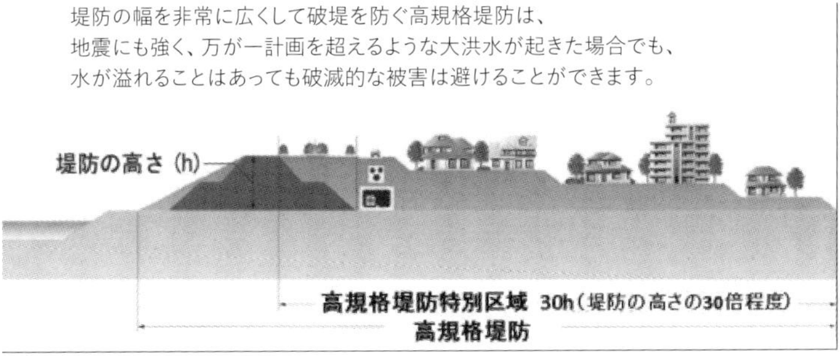

堤防の幅を非常に広くして破堤を防ぐ高規格堤防は、

水が溢れることはあっても破滅的な被害は避けることができます。

［図表12］スーパー堤防の構造

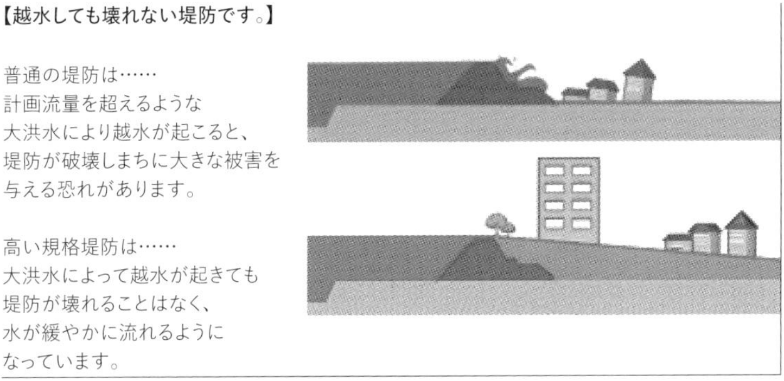

【越水しても壊れない堤防です。】
普通の堤防は……
計画流量を超えるような
大洪水により越水が起こると、
堤防が破壊しまちに大きな被害を
与える恐れがあります。
高い規格堤防は……
大洪水によって越水が起きても
堤防が壊れることはなく、
水が緩やかに流れるように
なっています。

［図表13］スーパー堤防は氾濫を防止するためのものではない

国土交通省は、洪水が堤防を越えても決壊しにくくする「堤防強化」の方法は、スーパー堤防以外に存在しない、すなわち、「決壊しにくい堤防」（アーマーレビーやフロンティア堤防）は、「越水対策」としての「機能の確実な確保が技術的に確立していない」と説明しています。こうした考え方により、「決壊しにくい堤防」を「越水対策」として計画に入れ

高規格堤防に関する主なQ&A①
Q1：高規格堤防とは何か。 A1：通常の堤防と比較して堤防の幅を高さの30倍程度とする幅の広い堤防であり、施設の能力を上回る洪水等に対し、決壊の要因である「浸透」、「浸食」、「越水」から堤防決壊を回避できる唯一の手法です。
Q2：高規格堤防は必要あるのか。 A2：人口・資産が高密度に集積する首都圏・近畿圏の大部分がゼロメートル地帯などの低平地にあるため、堤防が決壊すると、自然排水が困難なために浸水が長期化する上、避難場所となる高台も少ないことなどにより、甚大な人的・経済的被害が発生する可能性があります。堤防決壊を回避できる唯一の手法は信頼性・確実性の面から高規格堤防です。
Q3：高規格堤防の整備はどのようなところで実施するのか。 A3：高規格堤防の整備は昭和62年から実施していましたが、平成23年に「人命を守る」ということを最重視して、堤防が決壊したときに、甚大な人的・経済的被害が想定される荒川、江戸川、多摩川、淀川、大和川の5水系5河川におけるゼロメートル地帯等の約120kmに整備区間限定したところです。（従前の対象は約870km） 【補足】 具体的には、 ①堤防が決壊すれば十分な避難時間もなく海面下の土地が浸水する区間 ②堤防が決壊すれば建物密集地の建築物が2階まで浸水する区間 ③堤防が決壊すれば破壊力のある氾濫水により沿川の建物密集地に被害が生じる区間とし、氾濫形態や地形等を考慮して抽出しています。
Q4：高規格堤防ではなく、アーマーレビーなどの手法で代替できるのではないか。 A4：アーマーレビーなどは、堤防の決壊要因の一つである越水に対して機能を確実に確保することが技術的に確立しておらず、決壊を防止することができません。

［図表14］スーパー堤防は「堤防決壊を回避できる唯一の方法です」とする国土交通省の説明

ることはできない、ということになっているのです。

国土交通省が示しているこの考え方は、いわば「100点満点ではないから0点だ」といっているようなものです。しかし、「決壊しにくい堤防」は越水対策として一定の機能を果たすことが既に確認されている技術ですから、「0点」というのは、どう考えても不当な評価といわざるをえません。

また、スーパー堤防が越水対策の技術として100点満点かどうかについては、専門家から疑問が呈されていますし[8]、なにより、スーパー堤防には看過できない重大な欠陥があります。スーパー堤防は、連続した堤防として完成する見通しがないのです。

もともと、スーパー堤防が計画されているのは、大都市部の5つの河川(荒川、江戸川、多摩川、淀川、大和川)、延長120kmの区間だけで、全国の堤防延長約1万kmからすると、ごく一部です。整備状況をみると、これまでに完成したのは、江戸川で4地区合計630m、荒川で15地区合計910mなど、わずかな区間です[9]。「堤防」といいながら、数十m～百数十mという「点」の整備しか進んでいないのも問題ですが、より大きな問題は、今後、スーパー堤防が着実に整備される見通しがないということです。その原因は、スーパー堤防を整備する手続の進め方にあります。

スーパー堤防を整備する手続は、「まちづくりと一体で進める」ことになっています。スーパー堤防の盛土を追加する場所に建物が建っている場合には、いったん住民に立ち退いてもらい、建物を解体して更地にし、その上に盛土をして、建物を建て直すということになります。こうした、住民の立ち退きや建物の解体を、強制的な手続ではなく、任意の「まちづくり」計画をまって進める、というのがスーパー堤防の進め方です。ということは、建物の所有者等が「まちづくり」の一環としてスーパー堤防を整備することに協力してくれれば、事業が進みますが、そうでなければ1mmも動かないということです。国土交通省は、スーパー堤防が甚大な被害を防ぐために必要だと説明していますが、本当に必要な事業であれば、ダムや道路をつくるときと同じように土地収用法にもとづく収用手続をとって着実に進めなければならないはずです。しかし、そのような手続はとられないことになっています。

このように、スーパー堤防が進むかどうかは、地元がスーパー堤防を前提とした「まちづくり」をするかどうかにかかっており、地元が「まちづくり」としてスーパー堤防のために盛土をするということにならなければ、スーパー堤防はつくれません。したがって、国の管理する川であっても、国は、スーパー堤防がいつ完成するか(100年後か、1,000年後か)わからない、ということになります。これでは、水害対策の計画として破綻しているといわざるをえません。

このように、スーパー堤防は完成する見通しがないという重大で根本的な欠陥がありますから、仮に技術としては100点満点だとしても、政策としては0点というほかありません。0点の政策に巨額の税金[10]をつぎこむのは、まさに「スーパー無駄遣い」そのものです。

スーパー堤防は避難場所?!

完成するのが100年先か1,000年先かわからない、というスーパー堤防の水害対策として致命的な欠陥については、国も自覚しています。ならば、スーパー堤防を中止する判断をするのが当然ですが、なぜかそのような判断はされず、「完成しなくても、一部の整備であっても避難場所などとして役立つから、整備を進める」と説明して計画を推進しています[図表15]。

しかし、堤防が避難場所として役立つ、という説明は、いくらなんでもひどすぎます。堤防は川のそばにありますから、堤防が避難場所になるということは、大雨の時に川に向かって避難しろということを意味します。これでは、私たちが大雨の時にニュースなどで耳にする「川のそばに近づかないでください」というメッセージと真逆の説明になってしまいます。

スーパー堤防は氾濫を防ぐものではなく、洪水が堤防を越えることを想定したものですから、スーパー堤防の上に避難して、洪水が堤防を越えてきたら、人命が失われることになりかねません。

この点、国土交通省は、「最終的な避難場所」ではなく、「一時的・緊急的な避難場所になる」という説明をしています。しかし、「最終的な避難場所」があるなら、スーパー堤

高規格堤防に関する主なQ&A②
Q5：整備に長期間を要する高規格堤防では効果を発揮するのに時間がかかるので意味がないのではないか。 A5：高規格堤防の整備は一定の期間を要しますが、一部区間での整備や暫定的な断面での整備であっても、「浸透」、「浸食」、「越水」に対する堤防の安全性は格段に向上します。また、氾濫時の避難場所や様々な活動拠点としての効用を発揮するとともに、木造住宅密集地域や狭隘道路の解消などによる良好な住環境を提供できます。
Q6：高規格堤防を行うために他の箇所で堤防強化が後回しになっているのではないか。 A6：高規格堤防整備区間以外においても、計画高水位以下の水位の流水を安全に流すために、ドレーン工法や遮水工法などの「堤防強化」を実施するとともに、堤防決壊を少しでも遅らせ、避難時間を稼ぐことも目的とした「危機管理型ハード対策」として堤防構造の工夫も実施しています。

[図表15] スーパー堤防が「氾濫時の避難場所としての効用を発揮する」とする国土交通省の説明

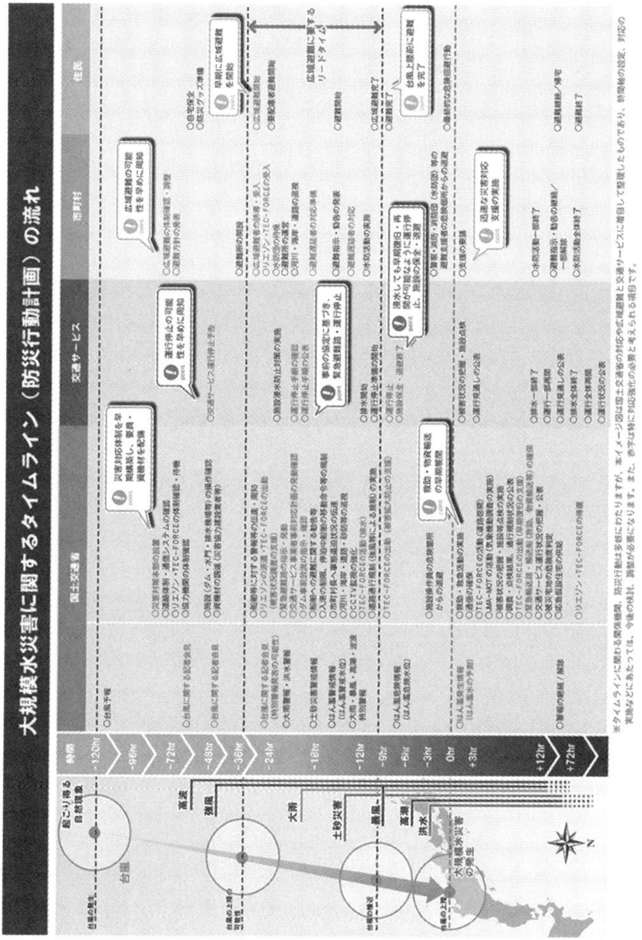

［図表16］国土交通省は計画的な避難のための「タイムライン」作成を推奨している

防に寄り道せずに、まっすぐ「最終的な避難場所」へ避難するのが命を守る行動のはずです。「スーパー堤防が避難場所」と国土交通省がアナウンスすることは、人々の避難行動を誤らせることにつながるもので、あってはならないことだと思います。

大雨による水害は、地震のような突発的な災害と異なり、ある程度予測がつくものです。国土交通省は、水害への備えとして、「タイムライン」という行動計画を立てるよう推奨しています[図表16]。「タイムライン」は、72時間前から避難へ向けた行動を開始し、計画的に避難することによって命を守るためのものです。スーパー堤防を「一時的・緊急的な避難場所」として位置付ける国土交通省の説明は、この「タイムライン」の考え方とも矛盾します。

完成の見通しがなく、避難場所にもならない、税金と人手、時間を無駄に費やすだけのスーパー堤防は速やかに廃止されるべきです。

「ダム」「スーパー堤防」が優先され水害が拡大した例

「決壊しにくい堤防」が水害対策のメニューから消されて

しまった理由について、国土交通省から、誰もが理解できるような説明はされていません。水害対策の目的は、水害を防止・低減することですから、この目的に適う「決壊しにくい堤防」を設計指針から消す合理的な理由はみあたりません。おそらく、ここまでで述べたような何らかの思惑がはたらいてのことと推測しますが、「決壊しにくい堤防」を設計指針から消すという政策決定がされた過程はブラックボックスです。

水害を防止・低減するという水害対策の目的からすれば、対策の優先順位は、水害防止・低減を効率的に実現できるか、という基準で決定され、実施されるべきです。しかし、これまでの水害対策は、考えられる複数の対策を比較検討するというプロセスを経ることなく、効率的に水害を軽減できる「決壊しにくい堤防」を排除し、ダムやスーパー堤防など、長い時間、巨額の費用、多くの人手を要する事業が優先されてきました。

利根川水系では、上流のダム、下流のスーパー堤防の整備に巨額の予算が使われる一方で、洪水を「流す」対策は遅れていました。利根川の支流である鬼怒川の上流には、2012年に完成した湯西川(ゆにしがわ)ダムを含む4つのダムがあって、流域面積の1/3の雨を集めて水害を防ぐはずでした。しかし、あまりにも「流す」対策が遅れていたために、2015年の東北・東日本豪雨では、鬼怒川の堤防が決壊し、甚大な被害が発生しました。湯西川ダムへ毎年50～300億円以上の予算がつぎこまれる一方で、「流す」対策には毎年10億円程度しか投じられていなかった状況について、専門家からは、鬼怒川下流部の「流す」対策が急務であり投資を集中すべきだと指摘されていました[11]。しかし、こうした指摘は考慮されないまま、ダム優先の水害対策が進められてきました。

また、愛媛県・肱川（ひじかわ）では、上流に野村ダム・鹿野川（かのがわ）ダムという2つのダムがつくられる一方で、下流の洪水を「流す」対策が進んでいませんでした。

野村ダムは、もともと1000㎥／秒の洪水を放流できる設計となっており、ダムの操作規則も1000㎥／秒の洪水を放流できる内容となっていました。しかし、下流の「流す」対策が遅れていたため、1000㎥／秒を流す操作規則にしたがって放流をすると、下流で水害が発生してしまうことがわかりました。1996年、この操作規則が変更され、放流できる量が300㎥／に切り下げられました。

その結果、2018年7月の西日本豪雨では、ダムの水位の上昇に対応した放流をすることができませんでした。朝の

郵 便 は が き

お手数ですが
切手をお貼り
ください。

１０２－００７２
東京都千代田区飯田橋３－２－５
㈱ 現 代 書 館
「読者通信」係 行

ご購入ありがとうございました。この「読者通信」は
今後の刊行計画の参考とさせていただきたく存じます。

ご購入書店・Web サイト	書店	都道府県	市区町村
ふりがな お名前			
〒 ご住所			
TEL			
Eメールアドレス			
ご購読の新聞・雑誌等			特になし
よくご覧になる Web サイト			特になし

上記をすべてご記入いただいた読者の方に、毎月抽選で
５名の方に図書券５００円分をプレゼントいたします。

お買い上げいただいた書籍のタイトル

本書のご感想及び、今後お読みになりたいテーマがありましたらお書きください。

本書をお買い上げになった動機（複数回答可）

1. 新聞・雑誌広告（　　　　　　　　　）　2. 書評（　　　　　　　）

3. 人に勧められて　4. ＳＮＳ　5. 小社ＨＰ　6. 小社ＤＭ

7. 実物を書店で見て　8. テーマに興味　9. 著者に興味

10. タイトルに興味　11. 資料として

12. その他（　　　　　　　　　　　　　　　　　　　　　　）

ご記入いただいたご感想は「読者のご意見」として、 新聞等の広告媒体や小社 Twitter 等に匿名でご紹介させていただく場合がございます。
※不可の場合のみ「いいえ」に○を付けてください。　　　　　いいえ

小社書籍のご注文について（本を新たにご注文される場合のみ）

●下記の電話や FAX、小社 HP でご注文を承ります。なお、お近くの書店でも取り寄せることが可能です。

TEL：03-3221-1321　FAX：03-3262-5906
http://www.gendaishokan.co.jp/

ご協力ありがとうございました。
なお、ご記入いただいたデータは小社からのご案内やプレゼントをお送りする以外には絶対に使用いたしません。

6時前に始まった緊急放流では、その直前の6倍もの水がダムから放流され、下流の水位は急激に上がり、野村ダムの下流では5人の方が、鹿野川ダムの下流では3人の方が亡くなりました。緊急放流についての住民への説明会では、「ダムの操作規則(マニュアル)にしたがって緊急放流を行った」という国の説明が繰り返されました。確かに、緊急放流を行うという判断それ自体は、マニュアルどおりということなのかもしれません。しかし、下流の洪水を「流す」対策が長年にわたって先送りされず、ダムの設計どおりの予備放流ができていたら、逃げ遅れて人が亡くなるという事態を避けられたということはないでしょうか。住民からは、国の説明に対し、「マニュアルどおり(という説明ですむ話)じゃありませんよ、殺人ですよ」と悲しみ、嘆く声があがりました[12]。私は、西日本豪雨の後、元大洲市議の有友正本さんに現地を案内していただきました。「流す」対策が遅れていると聞いてはいましたが、堤防が「とぎれ」、脆弱なまま放置されている光景を目のあたりにし、言葉を失いました。それは、流域の命を守るために当たり前に水害対策を進めていればあるはずのない、あってはならない光景でした。

堤防の決壊からみえてくる民主主義の課題

政策決定プロセスの課題

前節では、水害対策のなかでダム・スーパー堤防の整備を優先させた結果、堤防決壊により水害を拡大させた例を紹介しました。では、ダムやスーパー堤防を優先させる水害対策は、誰がどのように決定してきたのでしょうか。

①水害対策の優先順位は誰がどのように決めるか
——政策決定のしくみ

水害対策のうち、防災公共事業の優先順位を決定する権限は、それぞれの川を管理する国や自治体がもっています。

水害対策の公共事業を行うには、河川法という法律にもとづき、整備計画をつくり、将来30年間にどのような事業を実施するか、ということを示さなければなりません。

計画を最終決定するのは国や自治体です。ただし、それぞれ、必要と考えるときには市民の意見を聴いて政策決定することができます。これは市民の側からみると、整備計画について意見を提出することにより、政策決定に「参加」

できるということです。そうすると、水害対策については、国・自治体と市民が協働して政策決定しているといえそうですが、残念ながら、そういった評価ができるような実態はありません。

政策決定における協働が実現しているといえない原因は、市民の「参加」が、国際標準で認められているように「権利」としては認められておらず、お願いベースのものにとどまっていることにあると考えられます。ただ、このことについては後で説明することにして、まずは、水害対策の公共事業について、市民の参加が認められるようになったいきさつからみていきます。

②参加の到達点——淀川流域委員会のたどった歴史

(1)河川法改正という「スタート」

川の整備計画について市民の参加が認められるようになったのは、さほど昔ではなく、1997年のことです。

1997年以前は、川の整備計画は「工事実施基本計画」という計画にもとづいて進められており、この計画をつくるプロセスには市民が参加する機会はありませんでした。

1997年に法律(河川法)が改正され、国や自治体が「必要と認めるとき」は、市民を含む「有識者」の意見を聴かなけ

[図表17] 長良川カヌーデモ。
政策決定への参加を求める市民の声が、河川法改正を後おしした（撮影：村山嘉昭）

ればならない、という制度があらたにつくられました。この法改正によって、川の整備計画に市民が参加する「機会」をもつ途がひらかれました。

この法改正には、市民が参加する機会についての定めのほかに、重要な改革が盛り込まれました。それまでは「工事実施基本計画」という長期計画だけしかないしくみだったものを、長期計画(河川整備基本方針)のほかに30年程度の中期計画である「河川整備計画」をつくるというしくみに変える、という改革です。計画の期間を30年と区切ることによって、水害対策に優先順位がつけられ、「ダムは後回しにして、まずは洪水を流す対策に集中しよう」という判断をしやすくなることが期待されました。

(2)議論の結果、堤防強化を優先

河川法改正によってつくられた市民参加の機会・河川整備計画のしくみを最大限に活かしたのが、2000年にはじまった淀川水系流域委員会の取り組みでした。淀川では、いくつもの画期的な取り組みが行われました。例えば、

・委員の選定手続を公開する

・情報公開・発信を徹底する

・事務局は国土交通省から独立させる

・会議は公開され、傍聴者も発言できる
というようなことです。こうした取り組みによって、淀川流域委員会における議論は、行政が不透明な手続で決めた委員が行政の「原案」をもとに議論し、傍聴者はおかしいと思ったことを質問したり意見を述べたりできない、という、それまでの「お墨付き」第三者委員会とはまったく違うものとなりました。

流域委員会で議論が重ねられる中で、長年ダムを推進してきた研究者が「ダムは最終手段」との考え方に変わるという変化も起こり、2003年には、「まず堤防の弱いところを補強する」「ダムは原則として建設しない」こと等を内容とする提言「新たな河川整備をめざして」が公表されました。その後、この流域委員会の提言を基本として議論が進み、2004年にはダム建設を前提としない河川整備計画「基礎案」がつくられました。

(3)堤防強化を優先する議論はつぶされた

ところが、2005年、国土交通省職員として流域委員会の運営にかかわっていた宮本博司さん(当時近畿地方整備局河川部長)が、東京へ異動になってしまいます。

宮本さんは、苫田（とまた）ダム工事事務所長、長良川（ながらがわ）河口堰建設

	流域委員会	国土交通省
2003年1月	提言「まず堤防の弱いところを補強」「ダムは原則として建設しない」等	提言を受け、ダム本体工事を凍結
2003年9月		河川整備計画「基礎原案」公表
2003年12月	「基礎原案」に対する意見書	
2004年5月		整備計画「基礎案」公表
2005年6月		宮本博司さん東京へ異動
7月		「淀川水系5ダムについての方針」発表
2006年7月		宮本博司さん国交省退職
2006年10月		流域委員会休止を発表
2007年2月		流域委員会休止
8月	流域委員会再開 宮本博司さんが委員長に選任される	整備計画「原案」 (「基礎案」を変更) 「年内に議論をまとめてほしい」
2007年12月		ダムの事業費・効果などのデータ公表
2008年4月	中間意見書「原案」の再提示を求める	
2008年6月		整備計画「案」公表 (「見切り発車」)
2009年3月		整備計画公表

所長などを歴任し、「反対住民」と向き合うなかで、「住民の河川行政に対する不信感を払拭したい」「河川整備に対して、住民の意見に耳を傾けなければならない」「もう、行政は勝手にしません」との思いをもつようになり[13]、河川法改正とその実践に取り組んでこられた方です。

宮本さんが異動になった翌月、国交省は流域委員会の議論を無視した「淀川水系5ダムについての方針」を発表しました。この「5ダムの方針」により、国交省は、「まず堤防強化を最優先に」という流域委員会の合意事項をくつがえし、議題に「ダムの是非」を押し込むことに成功しました。次第に国交省の流域委員会に対する姿勢が一変したことが明らかになっていきます。2006年、宮本さんは国交省を退職します。

2007年8月、いったん休止された委員会が再開され、公募委員となった宮本さんが委員長に選任されます。しかし、国交省は、「基礎案」とは異なる上流のダム建設を前提とした「原案」から議論を始めて年内に「案」をまとめるよう流域委員会へ迫ります。その一方で、流域委員会が国交省へ求めたダムの効果などに関するデータが示されたのは、その年の年末になってからのことでした。そのデータにより、国が計画に押し込もうとする大戸川（だいどがわ）ダムの効果が、堤

［図表18］「堤防天端の3m下で19cm」

防天端の3m下で最大19cm水位を下げるだけ［図表18］という、きわめて限定的なものであることが判明しました。

流域委員会が2008年に出した中間意見書は、現時点ではダムを計画に位置づけず、計画原案を作成し直すことを国交省に求めました。

しかし、国交省は、「どうしてもダム」の姿勢を崩さず、2004年の「基礎案」の考え方を否定し、「ダムを順次整備する」という計画を最終決定しました。堤防強化を優先する議論は無視され、つぶされてしまったかたちです。

なお、流域委員会が大戸川ダムの効果を検証し、ダムの事業費が当初より820億円大きくなることなどを明らかに

2)淀川本川

戦後最大の洪水である昭和28年台風13号洪水に対応する河川整備を、桂川、宇治川・瀬田川、木津川で先行して完了させた場合、計画規模の降雨が発生すると、淀川本川で計画高水位を超過することが予測されるため、上下流バランスを考慮し、淀川本川における流下能力の向上対策及び上流からの流量低減対策を実施する必要がある。

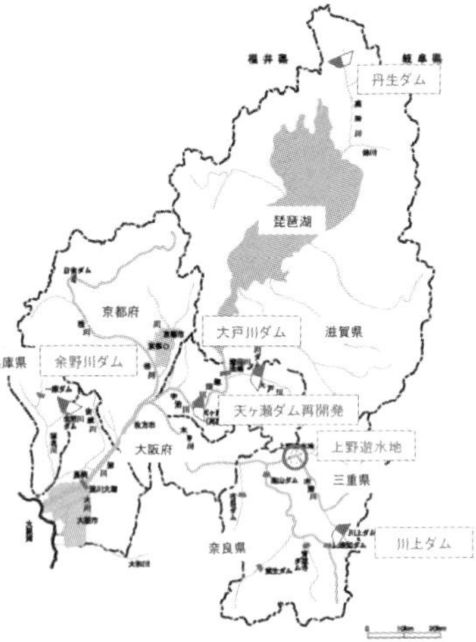

図4.3.2-16 ダム等の位置図

淀川本川の淀川大堰下流には洪水の流下を阻害している橋梁が複数存在している。それらのうち、事業中の阪神電鉄西大阪線橋梁の改築事業を関係機関と調整しながらまちづくりと一体的に完成させる。また、橋梁周辺は家屋等が密集しており、橋梁の改築には関係機関等との調整に多大な時間を要することから、伝法大橋、淀川大橋、阪急電鉄神戸線橋梁の改築についても、関係機関と順次調整を図り検討する。

阪神電鉄西大阪線橋梁の改築後においても、計画規模の降雨が生起した場合には、淀川本川で計画高水位を超過することが予測されるため、これを生じさせないよう中・上流部の河川改修の進捗と整合をとりながら現在事業中の洪水調節施設(川上ダム、天ヶ瀬ダム再開発、大戸川ダム)を順次整備する[図4.3.2-16]。なお、大戸川ダムについては、利水の撤退等に伴い、洪水調節目的専用の流水型ダムとするが、ダム本体工事については、中・上流部の河川改修の進捗状況とその影響を検証しながら実施時期を検討する。また、これまで進捗してきた準備工事である県道大津信楽線の付替工事については、交通機能を確保できる必要最小限のルートとなるよう見直しを行うなど徹底的にコストを縮減した上で継続して実施する。

[図表19]「ダムを順次整備する」とする淀川水系河川整備計画

した2008年当時、大阪・京都・滋賀の知事は、ダム計画に疑問を投げかけていました[14]。2008年11月には、3知事に三重県知事を加えた4知事が、大戸川ダムの白紙撤回を求める意見書を提出しました。

しかし、2019年4月、滋賀県の三日月大造知事は大戸川ダムを容認し、前任の嘉田由紀子知事の方針を転換することを明らかにしました。大戸川ダムの必要性について新たな事実が出てきたわけでもないのに、なぜ三日月知事が方針転換する判断をしたのか、まったくの謎です。大阪・京都の知事も三日月知事に追随するのか、今後の動向が注目されます。

③「お願い」参加の限界——利根川の整備計画と八ッ場ダム

淀川流域委員会のたどった歴史は、「お願い」参加の限界をつきつけるものでした。河川法改正によってつくられた市民参加の制度は、「行政が市民の意見を聴く必要があると思っている」ことが前提となっている制度でした。つまり、行政が市民の意見を聴くことが「必要」と考えるときには「聴かなければならない」とされており、逆に、行政が市民の意見を聴くことは「必要ない」と考える場合には、「聴かなくてもよい」のです。淀川流域委員会がたどった歴史からわかったことは、行政には、市民の意見を聴くことが必要だと思っている人もいれば、必要ないと思っている人もいるということ、そして、現在の国土交通省の「主流」とされる人たちは、市民の意見を聴く必要はないと思っている、ということでした。

行政が「市民の意見を聴く必要はない」と考えている場合は、市民側が行政に意見を聴いてもらいたいと思っても、「お願い」する以外に方法がありません。

「お願い」ベースの参加では、市民に対しどのような情報を提供するか、政策決定のどの段階で参加を認めるか認めないか、参加の結果をどのように考慮するかしないか、すべては行政のやる気次第ということになってしまいます。

こうした「お願い」参加の限界は、利根川の整備計画を決定する手続でもみられました。

利根川では、2007年2月に、市民に「参加の機会」が与えられ、多くの市民が意見を提出しました。元東京都職員で、利根川上流に計画されていた八ッ場ダムの問題点を分析してきた嶋津暉之さんもその一人です。

嶋津さんは、▽利根川水系の「流す」対策は遅れていて、支流では5年に1度程度の洪水、本流でも15年に1度程度の洪水しか流せないこと、▽他方で、200年に1度程度の洪水に備えるとして、ダムなど巨額の費用を要する事業が計画されてきたこと、▽しかし、ダムが大雨による氾濫を防止、低減できるのは、一定の条件がそろった場合に限られるから、発生確率が高い中小洪水に対し確実に氾濫を防止、低減できる「流す」対策を推進する計画とし、効率的に水害対策を進めるべきである、等と訴えました[15]。

しかし、利根川の整備計画は、国土交通省が選任した委員で構成される「有識者会議」で議論が進められ、市民の発言は認められず、「参加」の結果も考慮されないまま議論が進みました。

特にひどかったのは、議論の大前提である計画目標が、突如引き上げられたことです。「有識者会議」での議論は、2008年の第4回まで「基準点で15,000㎥／秒を流す」という目標設定で進んでいたにもかかわらず、2012年に突如、「基準点で17,000㎥／秒を流す」と目標を引き上げる案が国交省から提示されました。それまでの「基準点で15,000㎥／秒」という目標であれば、長期計画における流す対策で対応できる量の範囲内なので、30年間の整備メニューに新しいダム（八ッ場ダム）は必要ない、という結論がみえる状況でした。唐突な目標引き上げの提案は、水害を防止・低減するために計画をつくるのではなく、ダムをつくるために計画をつくろうとしているのではないか、との疑念をよびました。パブリックコメントでも、目標の引き上げについて合理的な説明を求める意見があいつぎました。有識者会議の委員のうち、2012年に新たに加わった大熊孝・新潟大学名誉教授と関良基・拓殖大学准教授(当時)は、目標を「15,000㎥/秒」「17,000㎥/秒」とした場合の整備メニューをそれぞれ示し、比較検討することを提案しました[16]。

しかし、国は目標「15,000㎥/秒」の場合の整備メニューを示さず、「A案」「B案」の比較検討が行われることはありませんでした。一見、「目標を高く設定すればより安全度が高まる」ようにも思えますが、それは時間・人手・お金の制約がない場合に限られます。実際には、時間・人手・お金の制約がありますから、目標を高く設定して実現可能性のない計画をつくってしまうと、優先順位の高い事業が後回しにされてしまい、より安全度が低くなってしまうことになります。このように、市民の意見が適切に考慮

	目標流量	事業費	メニュー	決壊しにくい堤防
A案	17,000㎥/秒	8,600億円+α	八ッ場ダム、 スーパー堤防……	なし
B案	15,000㎥/秒	○○○円 (公表されず)	○○○ (公表されず)	○○○ (公表されず)

されなかった結果、目標は基準点で17,000㎥／秒」に引き上げられ、八ツ場ダムが計画に位置づけられることになりました。

「お願い参加」は、考慮されるべき意見が考慮されないまま政策決定がなされてしまっても、そのことに対して異議申立などの法的措置をとることができないという限界があります。合理的な理由なく市民の意見を排除しても、ペナルティーはありませんし、裁判で決定がくつがえるわけでもありませんから、行政の「やる気」次第で「異論を排除する」姿勢をとることができてしまいます。こうした行政の姿勢は、市民の行政に対する不信をまねき、パートナーシップの実現をはばむものです。

計画策定手続の初期段階で代替案との比較検討がなされぬまま「官僚が勝手に決めてしまう」政策決定のしくみを変えるためには、参加の「機会」を認めるだけでなく、参加を「権利」として保障することが必要です。参加を「権利」として保障する方法については次章で説明します。

④参加の「機会」いろいろ

なお、市民参加のしくみを定める法制度は、河川法以外にもいくつかありますが、どれも参加の「機会」が認められるにとどまり、参加を「権利」として保障しているしくみは、国の制度にはほとんどありません。

ここでは、国が設けている参加のしくみのうち、パブリックコメント制度、環境アセスメント制度、政策提案制度について説明します。

(1)パブリックコメント制度

国のパブリックコメント制度は、行政の政策などについて、意見(パブリックコメント、「パブコメ」と略されることが多い)を公募し、意見を政策などに反映するためのしくみです。2006年に、行政手続法という法律にしくみがつくられ、提出された意見を考慮しなければならないことが定められました。しかし、この手続の対象となるのは、行政の内部基準など一部に限られています。水害対策の計画についてもパブリックコメントが実施されることはありますが、これは行政が自主的に実施しているもので、行政手続法が適用されるわけではありません。したがって、提出された意見を適切に考慮しなくても違法にはなりません。

(2)環境アセスメント制度

環境アセスメント制度は、事業が自然環境にどのような影響をあたえるかを予測・調査・評価し、事業が自然環境に悪影響を与えることを回避・低減等するためのしくみです。調査結果や評価結果が公表され、これに対して、誰でも意見を提出して手続に参加することができます。しかし、参加の結果を適切に考慮すべきこととされていないため、提出した意見が適切に反映されないまま政策等が決定されてしまっても、裁判等で是正することができません。環境アセスメントは、本来、事業者と住民・環境団体などが双方向のコミュニケーションを行い、絶滅危惧種の生息地などを保全する重要なしくみですが、日本の環境アセスメントは、事業者が住民等の意見を適切に考慮しないことが許されています。その結果、絶滅危惧種の生息地であっても、環境アセスメントの評価では「開発による影響は軽微である」といった決まり文句で開発が容認されるケースがしばしばみられ、環境団体からは「開発するという結論に評価を合わせる『アワスメント』だ」と見放される残念な制度となっています。

(3)政策提案制度

政策提案制度は、環境保全活動などに関する政策に市民の意見を反映させるため、誰もが政策を提案することができるというしくみです[17]。しかし、提案は権利ではないので、行政が合理的な理由なく提案を受け入れない場合でも、裁判などで是正することができません。

このように、国のしくみでは、参加の「権利」は保障されていません。

他方で、自治体のしくみをみると、まちづくり条例などのなかで参加の権利が保障されている場合があります。例えば、2000年につくられた北海道ニセコ町まちづくり基本条例では、「まちづくりに参加する権利」が保障されています。地方レベルではこうしたしくみがつくられていますが、国レベルではいまだ手つかずです。ニセコ町でも、まちづくり基本条例がつくられる前は、行政職員は、まちづくり事業を住民の討論で固めていくことに不安をもっていたようです。しかし、実際に住民とコミュニケーションを重ねるなかで、住民参加の可能性について手応えを得ていったといいます[18]。残念ながら、国は「河川法改正」というスタートラインから前に進めず後退してしまった感が否めませんが、その結果、以下⑤～⑦で述べるようなダムの「コスト」が適切に考慮されないまま政策が決定されてきています。

⑤緊急放流と穴あきダム

(1)緊急放流のリスクと事前放流

ダムは無限に水をためられるわけではありません。ダムの設計上、安全に水をためられる量には限界があり、その限界を超えてダムがあふれるような事態になると、ダムが決壊してしまう可能性があります。そこで、ダムの設計上ためられる量より大きい洪水がダムに流入しそうな場合、ダム管理事務所は、ダムのゲートを大きくあけて通常より多量の水を放流する「緊急放流」(異常洪水時防災操作)という操作を行います。緊急放流によって、ダムは治水機能を失い、下流の水位が上昇しているところへ緊急放流による洪水が重なると、水害が拡大することにつながります。

こうした「緊急放流」を避けるためにできることとして、大雨が予想される場合に、事前に放流を行い、ダムの水位を下げておく「事前放流」という操作がありえます。しかし、ダムの目的に水害防止目的のほかに水道用水確保・発電などの利水目的が含まれている「多目的ダム」や、利水目的のみの「利水専用ダム」では、事前放流をしてダムの水位を下げた後に雨が降らず、ダムの水位が戻らないと、利水目的が達成されないことになってしまいます。こうした場合、事前放流をするかどうかの判断は容易ではありません。

東日本台風では、緊急放流した6基のダムのうち4基のダムで事前放流がされていませんでした。緊急放流を避けるための調整の難しさがうかがえます。

利水専用のダムについても、緊急時には、国が電力会社などに事前放流を指示することができると法律で定められています。しかし、法律ができた1964年以降、国が事前放流を指示したことは1度もありません。2018年の西日本豪雨では、岡山県・高梁川(たかはしがわ)にある新成羽川(しんなりわがわ)ダムについて事前放流は行われず、浸水被害が発生しました。新成羽川ダムを管理する中国電力は、1972年の水害でも被災住民から裁判を起こされており、この時も国が指示をしなかったことの是非が問われました。「なぜなんだと。またやったのか。なぜ直らないんだという無念な気持ちというのがやっぱりあります」という被災者の方の痛切な声に学ばなければなりません。

こうした事態を受け、国は2020年、電力会社などと協定を結び、事前放流をした場合の補償のルールをつくりました。事前放流をした際の補償をルール化したことは、一歩前進といえます。ただ、協定は、ダムの水位が上昇する3日前からダムの水位上昇を予測し、放流することを想定していますが、こうした予測は、必ずしも容易ではないと思われます。2020年7月豪雨の際、熊本県・球磨川水系の6基のダムでは、事前放流が行われず、下流の瀬戸石ダムでは洪水がダムの堤体を越える事態となったようです。

(2)穴あきダム

ダムの緊急放流は、ダムのゲート操作によって行われますが、ゲート操作が行われない「自然調節」といわれるダムがあります。ダムにあけられた穴(洪水吐き)から一定量の水を流すもので、常に穴があいている「穴あきダム」です。

穴あきダムでは、緊急放流は行われませんが、逆に、想定外の豪雨でダムの容量を超えそうになっても、何の対処もできないということになります。穴あきダムの穴には、大雨になれば上流から流れてきた岩石や流木が詰まり、出口を失った洪水がダムを越流する危険性があると指摘されていますが、この点について、国などから明快な説明はありません。

2019年の東日本台風で氾濫し北陸新幹線の車両基地を浸水させた千曲川の支流にある浅川ダムは、この穴あきダムでした。浸水した北陸新幹線の車両基地のあたりは、もともと水害がたびたび起こる場所でしたが、380億円かけて浅川ダムをつくれば水害を防げる、だから車両基地をつくっても大丈夫だ、といわれていました。浅川ダムは2016年に完成しましたが、東日本台風で車両基地は浸水し、1両3億円といわれる新幹線車両120両が廃車されてしまいました。「ダムさえあれば」とダム神話に頼り、危険な土地を開発することのあやうさが明らかになったといえます。JR東日本は、今後、車両基地を10メートルかさ上げするそうです。

⑥ダム「堆砂（たいさ）」が引き起こす災害――熊本県瀬戸石ダムなど

水害対策としてのダムを評価する際には、ダムの「堆砂」が災害を引き起こす場合もあるということを考慮する必要があります。

ダムは、水とともに流れてくる土砂をせき止め、ため込みます。このため込まれる土砂を「堆砂」とよんでいます。ダムをつくる時は、堆砂を想定して、100年でたまる土砂の分だけダムを大きくつくります（堆砂容量）。ところが、しばしば、想定より早く堆砂が増えてしまうことがあります。北海道・沙流川（さるがわ）の二風谷（にぶたに）ダムは、1998年に運用が開始され、わずか10年でダム湖の約40％、1200万㎥が土砂で埋まってしまいました。

堆砂がきちんと管理されていないと、さまざまな問題が起こります。

(1)ダム上流の水害

熊本県・球磨川の瀬戸石(せといし)ダムの上流では、堆砂により川がせり上がったような状態になり、頻繁に水害を引き起こしています。堆砂は、川の水がダム湖に流入する入口(ダム湖の上流端)で流れが遅くなることによってたまるものですから、ダム湖の底ではなく、いわばダムの入り口(川とダム湖の境目)からたまっていきます。2018年の西日本豪雨では、川が氾濫し、道路をふさいでしまいました。2年に1度行われる国土交通省の定期検査では、2002年以降毎回、「直ちに措置を講ずる必要がある」という判定を受けています。ダムを管理する電源開発は、堆砂を減らすための一定の対策をとっていますが、追いつかず、地元の人たちはたびたび起こる水害に苦しめられています[19]。

山梨県・雨畑川の雨畑ダムは、ダム湖の9割以上が土砂で埋まっています。この堆砂が水質悪化を引き起こして駿河湾でサクラエビの不漁の原因になっていると指摘されています。また、2019年には流域に浸水被害を引き起こしました。このダムは民間企業が所有していて、国などから堆砂について対策をとるよう指導を受けていますが、これまで十分な対策がとられていないようです。

ダムの堆砂がきちんと管理されていない場合、川を管理する国や自治体は、ダムの所有者に対し、川がもともと持つ機能が維持されるために必要な対策をとるよう指示することができ(河川法44条)、「公益上やむをえない必要があるとき」には、ダムを設置するための許可を取り消すこともできます(河川法75条2項5号)。堆砂による水害が繰り返されるのを防ぐためには、現在のしくみをきちんと機能させるとともに、より実効的なしくみをつくる必要がありそうです。

(2)砂浜侵食・海岸後退

ダムの堆砂は、土砂がダム湖の入口にたまり、下流に運ばれなくなるという現象です。下流に運ばれる土砂の量が減ると、海岸に供給される砂の量も減り、砂浜が侵食される原因のひとつとなります。砂浜には津波や高潮による被害を軽減する防災機能があります。ダムは、この砂浜の防災機能を弱めてしまうのです。

相模湾では、1985年までの約30年間で、海岸線が40〜60メートル後退してしまいました。神奈川県では、海岸侵食対策として、海岸に土砂を運んできて投入する養浜(ようひん)や護岸工事などの事業を進めています。2010年からの5年間で投じられた対策費は約22億円にのぼりました。

⑦ダムの老朽化とダム「撤去」、ダム「再生」

ダムによる堆砂の管理にはお金がかかりますし、ダムそのものも、今後、老朽化が加速度的に進みます。日本に3,000基ほどあるダムのメンテナンスをどうするか。この課題の解決策として、ひとつの選択肢となるのがダムの撤去です。しかし、今のところ、この選択肢は、存在しないかのように扱われています。

2018年、熊本県・球磨川で荒瀬ダムが撤去され、全国初のダム撤去となりました[20]。アメリカでは多くのダムが撤去されていますが、日本でのダム撤去は、今のところ荒瀬ダムだけです。

ダム撤去のかわりに、老朽化対策として政府が進めているのが、ダム「再生」です。

2017年に国が公表した「ダム再生ビジョン」によると、「ダムの堤体は、適切に施工、維持管理されているものであれば、半永久的に健全であることが期待できる」として、今あるダムを撤去せずにずっと使い続ける「再生」という方針が示されています。

「半永久的に健全である」ではなく「半永久的に健全であることが期待できる」という言い回しが気になりますが、それはさておいても、ずっと使い続けるための条件は「適切に施工、維持管理」されていることで、これには当然お金がかかります。撤去する場合の費用や得られる利益・失われる利益などの比較検討を行わず、「再生」一択でダムに税金を投入し続ける政策決定がされているということです。

しかも、おどろくのは「再生」の方法です。

青森県・目屋ダムの「再生」は、ダムの直下に新しく大きな第2目屋ダムともいうべき「津軽ダム」をつくって、そのダム湖に目屋ダムを沈める、というものでした。これは「再生」ではなく「水没」「新規建設」というべきでしょう。

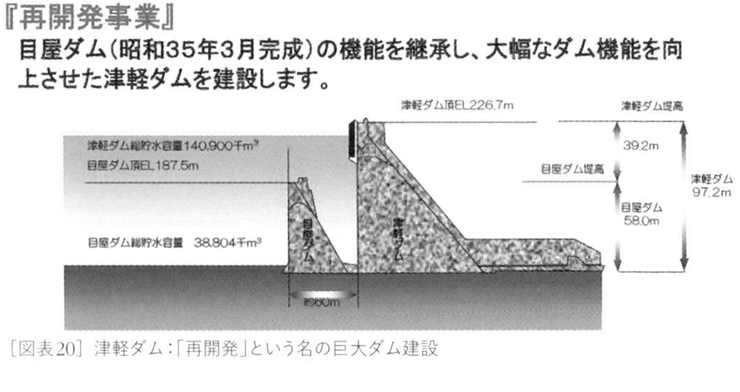

［図表20］ 津軽ダム：「再開発」という名の巨大ダム建設

これを「再生」といって進めてしまうなら、今あるダムの下流に巨大化したダムがつくられる光景が全国で現れることになってしまいます。

津軽ダムの周辺には世界遺産である白神山地が広がっています。ダム「再生」ではなくダム撤去で自然を再生させるという選択肢もあったはずですが、そのような選択はとられませんでした。

チェックのしくみの課題

もっとも、参加の権利が保障されていなくても、水害対策の必要性や優先順位についての行政の判断をきちんとチェックするしくみがあれば問題ないのでは、と考える人もいるかもしれません。行政の判断をチェックするしくみはいくつかあり、チェックのしくみを通じて水害対策に関する行政の判断が違法とされる例は皆無ではありませんが、きわめて稀です。

以下では、水害対策の必要性などをチェックするしくみのうち、「公共事業評価制度」「裁判制度」について、それぞれの機能と課題をみていきます。

①公共事業評価制度の機能と課題

まず、行政が自身の判断をチェックするしくみとして、公共事業評価制度があります。

公共事業評価制度は、第三者委員会など第三者機関に公共事業の必要性や効率性などをチェックさせることによって「ムダな」公共事業を排除するためのしくみです。このしくみは、まず、自治体の条例でとりあげられ、1998年に国の制度ができ、2002年に法律(政策評価法：行政機関が行う政策の評価に関する法律)ができました。

公共事業評価制度は、適切に機能すれば公共事業の効率性を高めることができるほか、費用対効果計算の結果など事業の必要性・効率性に関する資料が公開されることによって市民が事業をチェックするための材料を得られるようになる、という機能もあります。

しかし、このしくみには課題があります。

事業の評価は第三者委員会がすることになっていますが、「第三者委員会」といっても、事業を進める行政が委員を選ぶので、事業を批判しなさそうな人ばかりが委員に選ばれてしまうことがありえます。実際、公共事業評価制度によって事業が中止されたり、見直されたりした事例はほとんどありません。そうすると、「第三者委員会」がきちんと事業をチェックしているかについて市民がチェックする必要があるということになります。しかし、公共事業評価の手続には市民が参加する権利も機会も保障されておらず、市民によるチェックをきかせるのは簡単なことではありません。

1998年にはじまった石川県・辰巳ダムの公共事業評価の経過をみると、公共事業評価制度の可能性と限界がみえてきます。辰巳ダムは、室生犀星の愛した犀川(さいがわ)の美しい自然環境を破壊するだけでなく、NHK『ブラタモリ』でも取りあげられた文化遺産・辰巳用水を破壊するとして反対の世論が高まっていました。

1998年から始まった辰巳ダムの公共事業評価手続では、市民が第三者委員会の委員に対して資料や意見を送るなどの取り組みを行いました。その結果、100を超える対象事業のうち唯一、辰巳ダムだけが継続審議となり、第三者委員会の求めにより、市民と事業者(石川県)との間で公開の意見交換会が行われることになりました。7回にわたる意見交換会をつうじて、ダム計画の新たな問題点が明らかとなり、計画が変更され、文化遺産「辰巳用水」の物理的な破壊が避けられることにつながりました。他方で、意見交換会の終了後に開催された第三者委員会は、公開されず、3

時間近くに及ぶ密室審議の末、辰巳ダム「事業継続」という結論を出しました[21]。県側がダムの必要性を根拠づける資料として示した浸水想定図は、川から氾濫した洪水が低いところから高いところへ流れることを前提とした明らかにおかしなものでしたが、結局、ダムが他の水害対策と比較してなぜ優れているのかは最後まで説明されないまま、「水害対策が必要＝ダムが必要」という考え方が示されたかたちとなりました。

この経過からは、第三者委員会が市民の意見に耳をかたむけて事業に疑問をもち、市民を参加させて事業の見直しをしようとしても、事業を推進する行政の判断を否定して見直しを求めることは難しいことがうかがえます。ましてや、ほとんどの公共事業評価では、市民の参加はまったく認められていません。チェックのしくみである公共事業評価制度をきちんと機能させるためには、市民参加を権利として認めることが必要です。

②裁判の機能と課題

(1)裁判の機能

次に、司法(裁判所)が行政のチェックを行うしくみとして、裁判制度があります。行政から独立した機関として法的な紛争を解決する裁判所は、法律を適用して水害対策のあり方を適正化する機能をもっています。

これまで、いくつものダム計画について、水害対策として役に立たない・優先順位が低いとして、中止等を求める裁判が起こされてきました。なかには、北海道・二風谷ダム裁判のように、ダムを建設するための手続に違法があると裁判所が判断したケースもあります。しかし、二風谷ダム裁判の判決も、「行政の判断は違法だが、判断の効力は否定されない」として既成事実を追認してしまいましたし、ほとんどの裁判では、ダムが水害対策として役に立たないとはいえない、等として行政の判断がそのまま是認されてきました。

筆者は、八ッ場ダム・成瀬ダム・江戸川スーパー堤防といった水害対策事業について、事業の見直しを求める住民の代理人として裁判にかかわってきました。水害対策について争う裁判では、水害対策を決定した行政を相手方(被告)としてたたかうことになります。その経験の中で痛感したのは、今の日本の裁判所に行政のチェックを期待するのは、ほとんど無理なのではないか、ということです。「勝訴」という結果が得られないというだけではなく、結論に至る理由がひどすぎて、まさに絶望的な気分になります。

例えば、江戸川スーパー堤防の裁判では、「堤防が避難場所として役立つ」という国の主張を、裁判所がそのまま認めてしまいました。こんなびっくりするような理屈は、「普通の」事件では見かけないものです。

「普通の」事件と、行政が相手方となる事件とで、裁判所の判断のあり方が違うのではないか、そこには理由があるのではないか、という指摘は、これまでもさまざまな専門家や元裁判官からもされてきました。

(2)忙しすぎる裁判官

片山善博教授は、「一般に行政事件訴訟では、国に過度に寄り添った判決が下されることが稀ではない」と指摘し、特に複雑な法令の知識が必要な行政事件では、「多忙な裁判官たち」にとって、それらを熟知するより、行政側の理屈にのった判決を下したい誘惑にかられても不思議ではない、と分析しています[22]。

ダムや原発の裁判では、関係する法律だけでなく、専門技術の知識が必要となる事実に関する資料が提出されます。私がかかわった八ッ場ダム裁判でも、ダムの必要性や地盤の危険性などに関する専門的な内容を含む膨大な書面や証拠を提出しました。専門用語を使ってダムの必要性を訴える行政に対抗するには、こちらも専門領域にふみこむ必要があると考えたからです。しかし、このような専門的で膨大な書面を読み込むのは、裁判官にとって負担であることは間違いありません。

『原発と裁判官』[23]という本では、原発裁判にかかわった裁判官の受け止め方を知ることができます。「ついてないなあ」――川﨑和夫元裁判官が、赴任先の裁判所に「もんじゅ裁判」がかかっていることを聞かされた時の感想です。「原発訴訟を担当して喜ぶ裁判官はいないでしょう。……ほかの事件もふだん通りに処理しながら、この大型訴訟の膨大な記録を読まなければならないのです。負担は大きい……」。川﨑さんはその後、当事者双方からていねいに説明を聴く審理を積み重ね、原発裁判で日本初の住民勝訴判決を書くことになりますが、そのようなていねいな仕事をする裁判官でも、「大型訴訟」を担当することに対して「ついてないなあ」と思ってしまう状況があるのです。

人口10万人あたりの裁判官の数は、アメリカが約10人、ドイツが約25人であるのに対し、日本は約3人(簡裁判事を含む)で、圧倒的に少ないことがわかります。2000年の司法制度改革で司法試験の合格者が増え、弁護士の数は30年間で倍以上に増えましたが、裁判官の数はほとんど増えていません。裁判官1人あたりの手持ち事件数は、200～300件にものぼることがあるといわれています。多数の事件を抱えて「忙しすぎる」裁判官に、専門的で膨大な書面をきちんと理解してもらうのは、容易なことではありません。

なぜ最高裁は、予算の増額を要求して裁判官を増やさないのでしょうか？

この疑問に対する回答として、最高裁幹部が事務次官級の報酬をもらい続けるためだ、という指摘があります。1999年当時、行政のトップである事務次官と同等の月額130万円程度の報酬を受けている人が、最高裁幹部を含め裁判所には200人以上いるという状況がありました。最高裁が予算の増額を要求すれば、財務省は、最高裁幹部の報酬を行政官と同程度にするよう求める可能性があります。最高裁幹部の仕事は裁判ではなく、行政官と同じような事務仕事なのですからなおさらです。「大幅増員を求めれば、財務省は必ず、事務次官級の報酬200名以上という他省庁では考えられない、裁判所のいびつな報酬体系を衝いてくる。しかも、事務総局には行政官と変わらない仕事をしている裁判官がごろごろいるのである」[24]。

最高裁は、現場の裁判官に過大な負担を負わせないよう、そして、超人的なエリートではない普通に優秀な裁判官が人間らしい働き方ができるよう、きちんと予算をとって裁判制度の基盤を整備してほしいと思います。

(3)「被告代理人が裁判官」は公正なのか

国が相手方になる裁判では、弁護士ではなく法務省の検事が代理人となります。この検事は「訟務（しょうむ）検事」とよばれ、この訟務検事に、法務省へ出向した裁判官が就任することがあります。ですから、国が相手方になる裁判では、裁判官席に座っているのは裁判官、被告席に座っているのも裁判官、という不思議な光景がみられます。

さて、裁判官は、「仲間」である裁判官の主張と、知らない弁護士の主張を、まったく同じように聴いてくれるでしょうか。行政の代理人をつとめた裁判官が裁判所へ戻り、行政が一方の当事者となっている裁判に裁判官としてかかわることもあります。かつて「依頼者」であった行政の主張と、かつて「相手方」であった市民の主張を、まったく同じように聴いてくれるでしょうか。裁判官と検事との人事交流（判検交流）は、裁判の公正らしさに対する疑義を生じさせ、裁判に対する信頼を失わせ、ひいては社会において正義が実現されることへの期待を失わせ、社会全体のモラルを低下させることにつながります。裁判の公正らしさを損なう判検交流は廃止するか、少なくとも、訟務検事を経験した裁判官が行政を当事者とした裁判にかかわることはやめるべきです。

(4)「絶望の裁判所」
──「昇給と転勤」が「裁判官の独立」を骨抜きにする

前述の『原発と裁判官』では、西野喜一元裁判官が次のように語っています。

「……国家の意思にそぐわない判決を出すと、自分の処遇にどういうかたちで返ってくるだろうか。そのように考えるのは組織人として自然なことです。原発は国策そのものである、という事実が裁判官の意識に反映することは避けられないと思います。無難な結論ですませておいたほうがいいかな、と思うことは、可能性としては十分にありえます」。

西野さんが「処遇」といっているのは、転勤先や報酬額のことです。裁判官の転勤先や報酬額は、最高裁事務総局が決めます。最高裁ににらまれて転勤先や報酬で不利益を受けないように、「無難な結論」すなわち「国家の意思」に沿う判決を裁判官が書く可能性がある、と西野さんは指摘しています。

「異動を拒否しようとすると、その後ずっと人事でいじわるをされますので、実際は拒否できないのです。自衛隊は憲法違反だという判決を出した結果、その後、周囲もあきれるほど干された人もいました」「だれしも人事でいじわるされたくはない。……そういう世界での人間模様がいろいろあることを知っていただきたいと思います」。八ッ場ダムも国の事業で、政権が何十年も推進してきた事業です。そのような事業に×をつけるような判決を書くには、「人事でいじわるをされる」覚悟が必要だというのです。

裁判官は、なぜ、行政を負けさせた裁判官に最高裁が「いじわる」をすると感じてしまうのでしょうか？

「青年法律家協会」(青法協)という法律家の団体があります。現在この団体のメンバーに、裁判官は含まれていません。しかし、かつては、新任裁判官の3分の1が青法協のメンバーという時期もありました。例えば、1973年に自衛隊が憲法9条に違反しているとの判断が示された「長沼ナイキ裁判」で裁判長をつとめた福島重雄元裁判官は、青法協のメンバーでした。青法協に対しては、1967年から右翼雑誌や自民党の機関紙が青法協は「偏向」していると批判を繰り広げており、これに呼応するように、最高裁は青法協に対する統制を強めていきました[25]。1970年、石田和外最高裁長官が「政治的色彩を帯びた団体に加入することは、裁判官の心構えとして、慎むべきことといわなければなりません……」と全国の裁判所長のまえであいさつしました。福島さんは長沼ナイキ裁判の判決内容について平賀源太所長から介入を受け(平賀書簡事件)、この介入の告発にかかわった宮本康昭元裁判官は、1971年に再任(10年の任期ごとに再度任用されること)を拒否されました。日本の裁判官は、いったん裁判官になったら任期ごとに再任され、生涯裁判官として仕事をするのが通例です。したがって、宮本さんの「任官拒否」は宮本さんにとっても周囲の裁判官にとっても衝撃的な出来事だったと思います。福島さん自身も、判決後、人事で不利益な扱いを受け続けました。こういった歴史を経て、「国策に反するような判決を書くと人事で不利益を受ける」ことが、裁判官にとって常識になってしまっているのかもしれません。

(5)希望の裁判所

忙しすぎる裁判官が最高裁の意向を気にしながら国策に反しない判決を書く、という世界では、行政に対するチェックを期待することはできません。本書のテーマのひとつは、市民に参加の権利を保障することが日本の民主主義を深化させるために不可欠だ、ということですが、参加の権利を保障する法制度がつくられたとしても、参加の権利を実現する裁判所が機能しないのでは、どうにもなりません。裁判所へ希望を托すことができない社会は、健全な民主主義社会とはいえません。

裁判所の課題を解決するためには、まず、裁判官の勤務状況を把握し、裁判官が人間らしい働き方で仕事ができる程度に裁判官を増員することが必要です。

また、かねてより司法改革として提案されてきたのが「法曹一元（ほうそういちげん）」制度です。

現在、裁判官は、資格試験に受かってからすぐに裁判所に「就職」して、定年まで勤めあげるのが当たり前になっています。生涯裁判官として仕事をしようとすると、人事でいじわるされたくない、という心理になり、人事を気にする「組織人」として行動してしまうのも無理のないことです。そこで、裁判官に「独立した職業人」として仕事をしてもらうため、弁護士など実務家としての経験をつんだ人を裁判官として採用し、10年任期で仕事をしてもらう「法曹一元」制度が提案されています。この制度は、憲法で、裁判官の任期は10年とされ、再任「されることができる」と定められている点との整合性も高い制度です。

さらに、現在は刑事裁判のみが対象とされている裁判員裁判に行政訴訟を含めることで、市民感覚を行政訴訟に反映させるということも考えられます。

報道機関には、裁判所に対して裁判の中継許可[26]を求め、裁判官の声を広く社会へ伝えてもらいたいと思います。現在は法廷にテレビカメラが入っても、撮影されるのは裁判開始前の「頭撮り」だけで、市民が報道をつうじて裁判官の声を聴くということがありません。『RBG　最強の85才』（2018、アメリカ）という映画では、弁護士時代から女性や少数者の権利発展につとめてきたルース・ベイダー・ギンズバーグ裁判官の声を聴くことができ、裁判官自身の語る声には、社会問題について広い議論を呼び起こす力があると感じさせられます。日本でも裁判官が判決を読みあげる声を聴けるようになれば、裁判への関心が高まり、社会問題への議論が深まって、日本の民主主義がさらに深化することにつながると期待します。

(6)「住民訴訟」と民主主義

さて、この節の最後に、住民訴訟という制度について紹介させてください。

国や自治体を運営するための資金は、市民から集められた税金です。こうした税金は、「公金」として、公共のため、みんなのために使われるべきものです。

この「公金」が不正に使われたり、無駄遣いされたりすることを防止し、是正するための制度が「住民訴訟」です。住民訴訟制度は、戦後、GHQの提案によって日本に導入されました。最高裁判所は、この制度が自治体の「住民全体の利益を保障するために法律によって特別に認められた参政権の一種」と制度の意義を認めています。自治体の住民であれば誰でも、自治体が違法に公金を支出することの差し止めなどを求めることができます。地方自治を充実させるための制度なので、国の公金支出については適用されませんが、市民がひとりでも公金の使い方がおかしいと裁判に訴えることができる制度がもうけられていることは、「あなたの力で社会を良くできますよ」というメッセージでもあり、日本の民主主義を発展させるためにとても重要です。住民訴訟が活用され成果をあげた例としては、愛媛県知事らが靖國神社・愛媛県護國神社に奉納する玉串料等を公金から支出した行為が政教分離を定める憲法に違反すると判断された愛媛玉串料裁判がよく知られています。

また、住民が公金の使い道を民主的にコントロールできるということは、権力の腐敗や暴走をまねかないためにも、とても重要です。アジア・太平洋戦争において、国力のはるかに大きなアメリカとの無謀な戦争へ突き進んだ原因のひとつは、軍部が「臨時軍事費」という特別の予算をもっていたことにあると指摘されています。「臨時軍事費」とは、政府や議会のコントロールが限定的にしか及ばない特別の予算で、本来は戦争を遂行するための予算でしたが、軍部はこれを戦争の準備をするために流用し、これによって、「次の戦争」のため相当の軍備をもつことができました。そして、このことが日米開戦へつながった、といわれています。日中戦争から敗戦に至るまで、日本人だけでも300万人を超える方々が亡くなりました。予算をきちんと民主的にコントロールできていれば、避けられた悲劇だったかもしれない、と考えてしまいます。

さて、この住民訴訟制度を使って、いくつかのダムについて裁判が起こされました。2004年に起こされたのが、八ッ場ダム住民訴訟[27]です。八ッ場ダムは国の事業ですが、ダムの費用の一部は、東京都など6都県が負担することになっています。そこで、6都県の住民たち5400人が八ッ場ダムについての負担金支出に異議を唱え、そのうちの一部の人たちが裁判を起こしました。筆者はこの裁判の弁護団に参加し、その後、成瀬ダム住民訴訟(秋田県)、滝川ダム住民訴訟(福島県)にもかかわりました。

住民訴訟を起こした人たちの動機はさまざまです。八ッ場ダム住民訴訟を起こした人には、国の名勝・吾妻(あがつま)渓谷の美しさに心をうたれ、美しい渓谷を沈めるダム計画は「21世紀にありえない愚行」という人や、地元は地下水が豊かでおいしい水が飲めるのに、地下水を廃止して上流に大きな負担を押しつけるダムをつくるのはおかしいという人がいました。成瀬ダムでは、美しい森や沢をダムに沈めたくないという人、川から取水したぬるい水ではうまい米ができなくなるという人、昔から魚をとって親しんでいた豊かな清流を残したいという人、それぞれ、さまざまな思いをもって裁判に参加していました。多くの人に共通したのは「将来世代」への責任を果たしたい、という思いでした。私的な利益ではなく、未来の公共のために、仕事の合間に時間をとって知恵を出しあう市民のみなさんの姿は、これがまさに民主主義だと実感できるものでした。

残念ながら、私のかかわった住民訴訟はすべて住民側の敗訴に終わりました。判決には敗訴の理由が書かれていましたが、「なるほど、これでは負けても仕方がないな」と思えるところはひとつもありませんでした。例えば、裁判所は、「ダムについての公金支出が違法になるのは、ダム計画に重大かつ明白な欠陥がある場合に限られる」としました。しかし、ここにいう「重大かつ明白」といった要件は法律には書かれていませんし、重大な欠陥が巧妙に隠された場合は「明白な」欠陥は認められないから計画に公金が支出されても問題ない、というのもおかしな話です。八ッ場ダムの治水効果については、水害防止に役立つ可能性が「皆無ではない」との判断が示されました。しかし、市民が問うたのは、ダムの効果が「皆無ではない」かどうかではなく、ダムへの公金支出にみあう便益が得られるのか、という点であり、また、ダムへの公金支出が、自治体に対し「最少の経費で最大の効果をあげる」こと等公金支出について効率性を求める法令に合致しているか、という点でした。しかし、裁判所は「住民訴訟において違法性判断の対象となる自治体の行為は限定される」という枠組み論を展開し、この問いに正面から答えませんでした。

どんなにすばらしい制度でも、誰にも知られず使われなければ、存在しないのと同じです。民主主義や住民訴訟は、権力の暴走を防ぐためのすばらしい制度ですが、使われなければ、存在しないのと同じです。ですから、制度を使ってもらうことは、制度をつくることと同じように重要なことです。しかし、住民訴訟において裁判所がこれまで示してきた枠組み論は、「住民訴訟なんか使ってもムダだよ」というメッセージと受け取れるものです。せっかくの政治参加のための制度が市民から遠ざけられてしまっているのは、もったいないことと感じます。裁判所には住民訴訟の枠組み論を見直し、住民訴訟を政治参加のしくみとして活用することを促すための議論をしてもらいたいと思います。

政策決定プロセスを歪める要因

「決壊しにくい堤防」よりダム、スーパー堤防が政策として選択されてきた要因には、政策決定のプロセスを歪めるはたらきをする制度もあります。ここでは「企業団体献金」、「ひも付き補助金」について説明します。

①「土建国家」と企業団体献金

「日本で公共事業が急激に膨れ上がったのは、関係者にとってうま味が大きいからだ。談合や付け届けはあたりまえで、それを通じて何百億円もの金が政党へ流れ込む」[28]とは、アレックス・カーさんの『Dogs and Demons』（邦題：『犬と鬼』）での指摘です。この書籍が刊行されたのは2002

年ですが、20年近く経った現在でも、公共事業が一部の業界(ゼネコン・鉄鋼・セメントなど)・政党の利益となる「土建国家」構造は、基本的に変わっていません。

「コンクリートから人へ」をスローガンに掲げてこうした「土建国家」構造を転換しようとした民主党政権が2012年に倒れ、自民党が政権党へ復帰を果たした後、土建業界へ献金がよびかけられたことは、「土建国家」の復活を象徴するような出来事でした。2018年の自民党に対する企業団体献金は約24億円で、野党時代より10億円ほど多くなりました。

「土建国家」をつくりあげ支えてきた制度のひとつが、この企業団体献金です。日本では、個人だけでなく、企業や業界団体にも政党や政治家に献金することが認められています。しかし、個人とは別に、企業や業界団体に政治献金を認める必要が本当にあるのでしょうか？　そもそも「儲けを大きくすること」を目的として活動する企業が、政党や政治家へお金を渡す「献金」は、賄賂とどう違うのでしょうか？　日本国憲法は、一人ひとりの個人が尊重されることを大前提としていますから、さまざまな考え方をもつ人の集まりである企業や業界団体が特定の政党や政治家へ献金することは、憲法の規定に反するという考え方が成り立

［図表21］秋田県・成瀬ダムの付け替え道路工事（2007年）。
ダム工事では関連工事を含め大量の鉄鋼とセメントが使われる。

ちます。最高裁は、1970年に、企業献金は憲法違反とはいえない、という判決を下しましたが、この判決に対しては、専門家から強い批判があります。1995年には、5年以内に政治家に対する企業団体献金を禁止することが法律の付則に書き込まれましたが、現在でも政治家は、政党に所属していれば、政党支部をつうじて企業団体献金を受け取ることができます。

群馬県選出の国会議員及び各政党への八ッ場ダム受注企業からの政治献金、パーティー券購入額は、2004年～2008年の5年間で、小渕優子議員に対する1,100万円余りなど、合計3億7,811万円余りにのぼりました[29]。

公共にとっては役に立たないダムでも、ダム工事を受注する企業にとっては役に立ちます。企業団体献金は、個人の利益、個人からなる「公共」の利益に反する政策が推進されてしまうことを可能にする政治力であり、政策を歪めるものにほかなりません。こうした政策を歪める要因を取り除いていくこともまた、日本の民主主義を発展させていくうえでの課題です。

②ひも付き補助金
――カネによる地方支配と長崎県・石木ダム

都道府県・市町村などの地方自治体は、地方政府として、地域の実情に応じた独自の政策を進めることができます。このことは、憲法で制度上保障されています。ところが、現実には、地方自治体は、政策を進めるために必要な財源を国に依存しています。そのため、国がお金の力で地方の政策をコントロールすることができる構造になっています。例えば、国が全国に道路やダムをつくりたい、と考えたとします。全国に道路やダムをつくるには、国がみずから道路やダムをつくるほかに、地方にお金(補助金)を配る、という方法があります。道路やダムの補助金は、道路やダムにしか使えない「ひもつき」のお金なので、必要ない・優先順位の低い「ムダな」道路やダムがつくられることになってしまうのです。

このような話を聴くと、「国がムダな道路やダムをつくるなんて、わざわざそんな意味のないことをするかな?」と疑問に思われるかもしれません。ムダな道路やダムは、政治家だけでなく、行政(の一部の官僚)にも利益をもたらします。再びアレックス・カーさんの『犬と鬼』から引用します。

「国土交通省河川局[30]は、ダムの運営を水資源開発公団[31]という機関にまかせるが、そこの役員の多くは河川局からの天下りである。また水資源開発公団は、公開入札も行わずに「水の友[32]」という会社に仕事を請け負わせる。これは公団にとって非常においしい話だ。というのも、水の友の株式の90%を公団OBが保有しているのだ。河川局が次から次にダムを造りたがるのは当然だろう」

これも、2001年の指摘ではありますが、現在まで通じる話です。2010年の行政事業レビューでは、水資源機構からの天下りを受け入れている株式会社アクアテルスが水資源機構から40億円あまりの仕事を受注していることが明らかになりました[33]。

ともあれ、こうした構造の下で、「ひもつき補助金」は、地方自治体を国の下請け機関のようにする機能をはたしてきました。ひもつき補助金も、その使いみちが適正に審査されていれば、地方の課題を解決する有効なしくみとして機能します。補助金適正化法(補助金等に係る予算の執行の適正化に関する法律)という法律は、その名のとおり、国が補助金の対象となる本来の目的や内容が適正であるかどうかを調査・審査することとしています。しかし、現状は、補助金適正化法が適正に運用されておらず、後述する石木ダムのように適正でない事業に補助金が交付され、地方の課題を拡大しています。こうした、地方の政策を歪める要因を取り除くことが、地方が地域にとって本当に必要で優先順位の高い政策を実現し、地方の発展を後押しすることにつながると考えられます。

2009年に発足した民主党政権では、ひもつき補助金を廃止し、地方が使い道を自由に決められる交付金としてお金を配ることにしました。ところが、2012年からの自民・公明連立政権では、ひもつきでない交付金を廃止し、ひもつき補助金を復活させてしまいました。まさに「先祖返り」[34]というほかありません。

全国には、ひもつき補助金による地方支配さえなければ、このダムは計画されなかったのではないか、と思える事例があります。そのひとつが、私の出身県でもある長崎県で計画されている石木(いしき)ダムです。

石木ダムは、川棚町(かわたなちょう)を流れる川棚川の水害対策のために必要なダムということになっています。川棚川のほとんどは、「30年に1度」程度の洪水で氾濫しないように整備されることになっており、「30年に1度」の洪水であれば、ダムをつくらず洪水を「流す」対策だけで対応できます。ところが、石木ダムが計画されている石木川が川棚川に合流する地点より下流の2kmだけは、整備目標が「30年に1度」ではなく「100年に1度」の洪水、と引き上げられていて、「100年に1度の洪水」で氾濫を起こさないようにするためには、洪水を「流す」対策だけではなく「ためる」ダムも必要、ということになっています。なぜ下流の2kmだけについて極端に整備目標が引き上げられているのか、これまでに合理的な説明はなされていません。このような整備計画は、水害を防止・低減することが目的なのではなく、ダムをつくることそのものが目的になっているようにみえます。仮に石木ダムが完成しても、川棚川の大部分は、30年に1度の洪水で水害が発生することになります。川棚川流域での水害を防止・低減するために必要な対策は、大雨がどこに

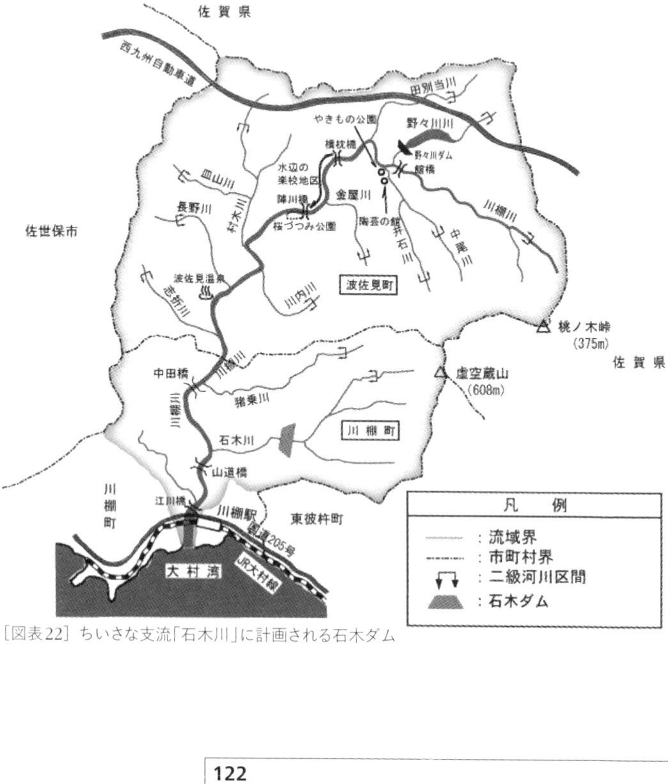

[図表22] ちいさな支流「石木川」に計画される石木ダム

［図表23］長崎県・石木ダム予定地。水の入った棚田が美しい（撮影：村山嘉昭）

降っても確実に30年に1度、40年に1度……の洪水を流せるようにする対策であって、石木ダムの建設ではありません。日本弁護士連合会も石木ダム計画の中止を求めています[35]。

石木ダムの予定地・川原（こうばる）地区には、今も、13家族の方々が生活しています。石木川の流域には棚田が段々とつづいています。石木川は、子どもたちの遊び場になり、夏にはたくさんのホタルが舞い飛び、ウナギもとれる、人々の暮らしとともにある川です。石木ダム計画がこのまま進むと、長崎県職員がこうばるの人たちから家を取りあげる「強制収用（行政代執行）」という手続がとられることになります。川棚川の水害対策に役立たない、必要性を説明することもできないダムのために13家族からふるさとを取りあげろと、長崎県知事は職員に命ずるのでしょうか？　それは一体、誰のためなのでしょうか？

写真家の村山嘉昭さんの写真集『石木川のほとりにて

［図表24］こうばるで暮らす松本さん一家（撮影：村山嘉昭）

13家族の物語』には、こうばるの人たちの暮らし、こうばるの美しい風景がいきいきとうつしだされています。また、映画監督の山田英二さんは、こうばるに惹かれ「ほたるの川のまもりびと」という映画[36]をつくりました。538億円の税金が使われるのに、長崎県民の2人に1人が「よくわからない」ままダム計画がつくられていく、こういう社会を当たり前と考えてしまうような「いしきをかえよう」、という署名キャンペーンも続けられています[37]。「どうせかわらない」から「かえるために動く」と「いしき」を変え、石木を変えて、13家族と長崎県をダムの桎梏から解放する取り組みに、この本を手にしたみなさんが加わってくださったら、とても嬉しいことです。

【第2章まとめ】

①「堤防強化」の研究成果が消された表向きの理由は、技術的な課題とされているが、技術的な課題は研究を継続することによって解消すればよく、研究成果を消してしまう理由にはならない。

②「堤防強化」の研究成果が消された真の理由は、ダム建設

を進めるためだということをうかがわせる事情がある。「堤防強化」の研究成果が消されてしまった時期は、熊本県・川辺川ダムについて、「堤防を強化すればダムが不要になる」という指摘がなされた時期と重なる。また、「堤防強化」が進むと、試算されるダムの効果が小さくなる、という関係もある。

③「堤防強化」が水害対策のメニューから消される一方で、巨額の事業費を必要とするダムやスーパー堤防の整備が進められてきた。しかし、ダムの水害防止効果は不確実で限定的、スーパー堤防が水害防止効果を発揮する見通しはない。

④水害を防止・低減するという水害対策の目的からすれば、対策の優先順位は、水害防止・低減を効率的に実現できるか、という基準で決定され、実施されるべきである。しかし、これまでの水害対策は、各対策が比較検討されることなく、重要な「堤防強化」を排除し、防げたはずの被害を発生させてきた。

⑤「堤防強化」を排除する水害対策を可能にしてきた原因は、決定権者が、比較検討のための情報を提供せず、決定権者の案と異なる意見は反映しない非民主的な政策決定プロセスにある。

1「検証！ 千曲川の堤防決壊」TBS 報道特集 2019.12.14
2「堤防全体覆う工事に　千曲川　決壊現場付近の左右両岸約8キロ区間」信濃毎日新聞 2020.3.31
3 浅野祐一『202Xインフラテクノロジー　土木施設の商機を大胆予測』日経BP、2016
4 第1章・注9に同じ
5 朝日新聞「『カスリーン台風』備えるはずが　八ッ場ダム　効果なし」2008.6.11
6 高橋ユリカ『川辺川ダムはいらない――「宝」を守る公共事業へ』岩波書店、2009
7 平成23年度雄物川河川整備検討業務報告書（4-167）
8 土木学会「耐越水堤防整備の技術的な実現性の見解について――耐越水堤防整備の技術的な実現性検討委員会報告書」1998
9 会計検査院「大規模な治水事業（ダム、放水路・導水路等）に関する会計検査の結果について」（平成24年1月）では、実際の進捗率が国交省の公表値より著しく低いことを指摘している。
10 仮に、これまでに整備されたスーパー堤防と同じ程度の費用でスーパー堤防を完成させるとすると、江戸川20kmとして約7,800億円、荒川50kmとして約1兆9,500億円が必要と試算される。
11 八ッ場ダムをストップさせる市民連絡会ほか『八ッ場ダム・思川開発・湯西川ダム裁判報告～6都県住民と11年のたたかい～』2016
12 テレメンタリー2018「検証・西日本豪雨（2）ダムに沈められた町」テレビ朝日、2018.9.9
13 古谷桂信『どうしてもダムなんですか？　淀川流域委員会奮闘記』岩波書店、2009
14 朝日新聞 2008.4.23「ダム推進　追認せず　淀川流域委意見書」

15 利根川流域市民委員会「利根川水系河川整備計画への市民提案〜河川整備計画公聴会における公述意見集」2007
16 関良基・まさのあつこ・梶原健嗣『社会的共通資本としての水』花伝社、2015
17 環境教育等による環境保全の取組の促進に関する法律
18 木佐茂男ほか編『わたしたちのまちの憲法』日本経済評論社、2003
19「豪雨被害を拡大!? あなたの町のダムは安全か」NHKクローズアップ現代+
20「荒瀬ダム撤去が、教えてくれたこと」つる詳子、パタゴニアクリーネストライン、2018
21 辰巳ダム建設反対運動記録集作成委員会『うつくしき川は流れたり——辰巳ダム建設反対運動記録集』2019
22 片山善博「でたらめな行政事件訴訟を正す——ふるさと納税をめぐる大阪高裁判決の問題」岩波書店『世界』2020年4月号
23 磯村健太郎ほか『原発と裁判官　なぜ司法は「メルトダウン」を許したのか』朝日新聞出版、2013
24 西川伸一『日本司法の逆説　最高裁事務総局の「裁判しない裁判官」たち』五月書房、2005。現在は、かつて事務次官と同じ（約130万円）だった「判事1号俸給」は約117万円となっている。
25 瀬木比呂志『絶望の裁判所』（講談社現代新書、2014）では、青年法律家協会裁判官部会に対するさまざまな不利益取扱い、「脱会工作」といった「ブルーパージ」について、「いわば、最高裁判所司法行政の歴史における恥部のひとつ」とされている。
26 裁判長の許可があれば、法廷における録画・放送をすることができる（民事訴訟法規則77条）。
27 八ッ場ダムのほか、湯西川ダム、思川開発・南摩ダムについての公金支出を争った。

28 アレックス・カー『犬と鬼――知られざる日本の肖像』講談社、2002
29「民主逆襲の切り札『八ッ場ダム』受注企業　献金リスト」週刊文春 2009. 12.3
30 現在の国土保全・水管理局
31 現在の水資源機構
32 現在の株式会社アクアテルス
33 政野淳子『水資源開発促進法　立法と公共事業』築地書館、2012
34 片山善博『民主主義を立て直す――日本を診る2』岩波書店、2015参照。
35 日本弁護士連合会「石木ダム事業の中止を求める意見書」2013.12.19
36 映画「ほたるの川のまもりびと」(https://hotaruriver.net/)
37 #いしきをかえよう (http://change-ishiki.jp/)

水害によって人命や財産が失われた場合、国に対して損害の賠償を求めることができるでしょうか。

山田太一さん原作・脚本のテレビドラマ「岸辺のアルバム」(1977年)で広く知られた多摩川水害では、被害を受けた被災住民たちが国に対して裁判を起こしました。国による多摩川の管理に欠陥があり、この欠陥により堤防が決壊

コラム

被災者に「泣き寝入り」を強いる日本の水害対策

して損害をこうむったとして、国に対し賠償金の支払いを求めたのです。この裁判では、最終的には住民が勝訴しましたが、それは水害が発生してから18年後の1992年でした。国による川の管理に欠陥があった場合でも、賠償金を受け取るまでに18年もかかってしまうというのは、被害者にとってあまりにも厳しいことです。しかも、1979年にいったん勝訴した後、1987年に東京高等裁判所によって逆転敗訴の判決が出されて、いったん受け取った3億円余りの賠償金を返還するよう国から求められ、返還してい

ます。高等裁判所の判決を最高裁判所でひっくり返すのはきわめて難しいことですから、被災住民のみなさんは絶望的な気持ちになったことでしょう。

しかし、被災住民に苦難を強いた多摩川水害のケースですら、最終的には国による川の管理に欠陥があったことが認められただけ、まだましなケースです。1984年に、最高裁判所が、住民の救済をほとんど不可能にするような基準を示してからは、国による川の管理に欠陥があるという判断がほぼされなくなってしまったからです。

この最高裁判所の基準は、大阪府大東市を流れる谷田川（たんだがわ）があふれた1972年の大東水害についての判断で示されました。当時、国は、谷田川の改修工事を進めていましたが、川の途中の275mだけが改修されず、狭い川幅で、浚渫（しゅんせつ）もされずに危険な状態で放置されていました。裁判を起こした住民たちは、水害の原因は国による川の管理に欠陥があったことにあるとして、国に対し損害賠償を求めました。地方裁判所で1976年に、高等裁判所で1977年に、それぞれ住民勝訴の判決が言い渡されました。しかし、高等裁判所の判決から7年もたった1984年、最高裁判所は住民らに逆転敗訴の判決を言い渡しました。この判決で示された判断基準は、「川の管理によってそなえられるべき安全性は、あらゆる危険を防止するような安全性である必要はなく、財政などの制約のもとで一般に行われてきた整備のプロセスに対応する、いわば過渡的な安全性でよい」という前提に立ち、「改修計画がつくられ、計画に基づいて改修がされている川については、計画が全体として格別不合理なものでないときは、特別の事情がない限り、川の管理に欠陥があるとはいえない」というものでした。要するに、それなりの計画を立てて、それなりに工事を進めていれば、川の管理に欠陥があるとはいえない、というわけです。そして、谷田川の場合は、それなりに工事が進められていたとはいえないようなケースでしたが、最高裁判所はこのケースも川の管理に欠陥があるとはいえない、と結論づけました。しかも、判決の直前には、最高裁判所が、全国の裁判所で裁判長をつとめる裁判官を集め、大東水害裁判の基準と同様の基準を最高裁の見解として指導する、ということまで行われていました。こうして、いわば「水害は天災であって、国による管理の欠陥によって起こる人災ではない」「裁判官たるもの、水害を人災とみるべきではない」と受けとめられるようなメッセージが最高裁判所から発せられたのです。

今の日本のしくみは、川の管理の欠陥により被害をこうむった人は、法律(国家賠償法)にもとづき、国に賠償を求めることができる、ということになっています。1970年代には、この法律に基づいて国に対して賠償を命ずる判決がいくつも出されました。ところが、最高裁判所は、1984年の大東水害判決で、「川の管理の欠陥」を裁判所が認めることはないと受けとめられるようなメッセージを出しました。被害者にとっては、裁判を起こさなければならない、というだけでも大変なことなのに、裁判を起こして何年もがんばっても、川の管理の欠陥が認められることはないのではないか、と思わされるような状況です。

それでも、今、鬼怒川、肱川、小田川などの水害被災者が救済を求めて声をあげ、裁判を起こしています。私は、大東判決のあった1984年以降も「流す」対策に全力で取り組むことをしてこなかった経緯からすると、大東判決の判断枠組みによっても、国の責任が認められるべきではないかと考えます。

しかし、仮に、水害についての国の責任が否定される状況が続くとすれば、水害の被災者を救済するしくみを新たにつくっていかなければ、生活を再建できず苦しんでいる被災者が困難な状況に取り残されてしまいます。損害保険によって対応するという考え方もありますが、誰もが被災者となりうる気候危機の時代を迎え、リスクに備える余力のない人をも取り残さないという見地からは、まず国が損害を補償し、ケースによっては水害を発生させた原因者から取り立てる、というようなしくみが必要ではないでしょうか。

水害の話から少しはなれますが、スウェーデンやノルウェーでは、犯罪によって被害を受けた被害者に、まず国が補償をして、国が加害者から取り立てるというしくみがあります。日本では、このような国のしくみはなく、必ずしも十分とはいえない見舞金が支払われるだけで、被害者が損害にみあう賠償金を得るためには、裁判を起こし、判決をもらって加害者に支払いを求めなければなりません。裁判を起こすだけの力がわかないとか、加害者に対する裁判で勝っても加害者が判決を無視するという理由で、「泣き寝入り」せざるをえない犯罪被害者も多いのです。

これまでの日本の水害対策は、水害被災者に泣き寝入りを強いたり、がんばりを強いるものになっています。事前防災をより効率的に進めるしくみを整えるとともに、被災者ががんばらなくても生活再建のための支援を得られるようなしくみを整えることこそ、災害に強い強靱な国づくりに必要なことではないでしょうか。

第3章

堤防を決壊させない民主主義へ

民主主義と参加の権利

前章でみたように、水害対策の政策決定過程において、市民に「参加の権利」が保障されず、「参加の機会」が与えられるだけにとどまっていることが、堤防強化を優先させる計画の実現を阻んできました。

こうしたことは、水害対策以外の政策決定においても起こっています。

希少種の生息地を埋め立てる辺野古大浦湾埋立、安全性の保障のない原発再稼働、国際合意に逆行する石炭火力発電所建設……。

将来世代の利益に反し、反対の民意が示されている政策が粛々と進められています。「選挙で勝った政治家が多数決で決めるのが民主主義だ」という人もいますが、これはある意味、政権が聴きたくない意見は徹底的に排除されるという日本の民主主義の現状を正しく表現しているといえるかもしれません。

しかし、日本国憲法は、一人ひとりの個人が尊重されることを保障しています。この憲法が予定する民主主義は、一人ひとりの意見が等しく大切に扱われ、みんなで合意形成していくしくみであって、選挙で全権委任するしくみではありません。選挙で複雑な社会の課題がすべて示されるわけではありませんし、「選挙で勝った政治家」も1から10まですべての意見が同じわけではないでしょう。ましてや、同じ政治家を支持する人たちの間で、すべての意見が同じわけではありません。

ところが、今の日本では、決定権者の意見と異なる「少数派」の意見は、それがどれほど適切な内容であっても、どれほどの広がりをもっていても、無視されてしまうことが少なくありません。辺野古大浦湾埋立のケースでは、県民投票の結果も、知事選の結果も、自然環境についての専門家の意見も、ことごとく無視されています。原発再稼働についても、パブコメや世論調査で反対の民意が示されても、無視されています。石炭火力発電所は、政府がした国際合意(パリ協定)に逆行する政策であり、国際的な批判の対象ともなっていますが、批判は無視され、石炭火力発電所が次々とつくられようとしています。

なぜ、今の日本の民主主義は、「適切な」「広い」民意が無視されてしまうのでしょうか?

それは、今の日本の民主主義に「権利」が不足しているからです。民意を示す権利は、「表現の自由」として保障されていますが、民意を政策に適切に反映させる権利は保障されていません。

民意を適切に反映させる権利、市民参加を権利として保障するしくみがない民主主義がどれほどか弱いものであるか、ということが如実に現れているのが今の日本社会であるように思えます。一人ひとりの意見が適切に政策に反映される民主主義を実現するためには、「主権が国民にある」ということを具体的な政策決定プロセスに組み込んでいく必要があるのです。

「お願い」参加と「権利」参加

これまで述べてきたように、「参加の機会」だけでは、反映されるべき意見でも反映されるかどうかは権力者次第で、市民は「お願い」するしかなく、せっかくの参加のしくみも、かえって民意と国力が吸い取られるだけになりかねません。こうしたお願い参加では、「行政と市民が知恵を出しあって課題を解決する」パートナーシップではなく、「行政がやりたいことを市民が請け負う」という「下請け」パートナーシップとなりがちです。

お願い参加と権利参加

	お願い参加	権利参加
参加の意味	「機会」があたえられる	「権利」があたえられる
参加の時期	決定の直前になることも	決定手続の初期
代替案(B案)	提示しなくてもよい	提示して比較検討しなければならない
行政の説明	「意味ある応答」がされるとは限らない	「意味ある応答」をしなければならない
意見が適切に反映されない場合	争う方法がない	裁判などで争うことができる

課題を参加で解決することは 1992年の国際合意

参加の結果が適切に政策に反映されることが常識となれば、おかしいことはおかしいという人も増えてくるかもしれません。しかし、社会のさまざまな問題について「みんなの意見を反映する」ことは、日本ではまだ常識になっていません。署名をしたり、デモをしたり、パブコメを出したりしても、政策に意見が反映されることは少なく、がっかりさせられることが多いと感じます。こうしたことが続くと、「どうせ声をあげても聴いてもらえないから……」と、声をあげること自体をあきらめてしまう気持ちになってしまうかもしれません。人々がこうした気持ちになって声をあげなくなってしまうと、権力者はますますやりたい放題になって、民主主義が形だけのものになってしまいます。

誰もが、さまざまな現場で、それぞれが関心をもつ問題の政策決定過程に参加することが、問題を解決するベストの方法である——これは、1992年の国連会議(リオデジャネイロサミット)で合意された原則です。会議での合意内容をまとめた宣言(リオ宣言)の第10原則として定められているので、「第10原則」とよばれています。日本もリオ宣言に同意しています。

ポイントは「初期段階」「代替案との比較検討」

1998年には、第10原則を具体化し、問題を「みんなで」解決するために必要な条件をルール化した条約が採択されました。この条約は、採択されたデンマークのオーフス市にちなみ、「オーフス条約」とよばれています。オーフス条約は、条約に参加した国に対し、

- 参加を権利として保障すること
- 政策決定の初期段階で、複数の案と比較検討する参加を保障すること

を求めています。このオーフス条約の考え方は、日本の課題を解決する上でも役立ちます。ただ、日本はオーフス条約に参加しておらず、オーフス条約の求める「初期段階」で「複数の案を比較」する参加は、今の日本では実現していません。

例えば、水害対策の計画をつくるときの手続は、計画の案がほぼ決まった時点で、行政がつくった案についてのみ検討するという手続になっています。

仮に、行政が提示する案にダム計画が入っていたとします。ダムに疑問をもつ人がいたとしても、ダムをつくらない別の案が示されていないと、「ダムをつくらないよりはつくった方がましかもしれない」という程度の理由で、ダム計画が進められてしまいます。こうしたあり方を転換しようとしたのが淀川流域委員会の取り組みでしたが、すでに見たように、淀川では、流域委員会が「堤防の強化を優先する案」をつくったにもかかわらず、国交省から「ダムをつくる」案が押し付けられ、まるで「堤防強化を優先する案」などなかったかのように、ダムを含む計画が決定されてしまいました。

ある課題を解決するためには、いくつかの解決策があるはずなのに、行政がそのうちの一つを選び出し、その案のみが議論の対象とされ、その案が決定される直前に参加の機会が与えられ、「異論」がでてもきちんと考慮されることなく粛々と決定に至る、というのが、日本におけるスタンダードな政策決定プロセスです。

例えば、2019年のダム予算は、2,366億円[1]あまりでした。「決壊しにくい堤防」の費用が100万円／mだとすると、236kmあまりを整備できるほどの額です。しかし、それぞれの効果が比較検討されないまま、ダムに巨額の予算を使う政策決定がなされているのです。

「ダム検証」における代替案との比較検討の不公正さ

さて、代替案との比較検証といっても、その方法が不公正であっては意味がありません。公正でない代替案との比較検討の例として、民主党政権下の「ダム検証」についてみていきます。

「コンクリートから人へ」「八ッ場ダム中止」をかかげて支持を得た民主党政権は、2009年に、計画中のダム事業を継続するかどうかを検証する「ダム検証」をはじめました。この「ダム検証」では、検証対象となった84のダムのうち、

25のダムが中止とされました。しかし、これらは、もともと予算がつけられていなかったダムで、ダムの中止は検証の成果ではありません。

ダム検証では、「ダムあり」の水害対策計画案のほかに、「ダムなし」の代替案（堤防整備や河道掘削などを組み合わせた案）が提示され、比較検討する手続がとられました。しかし、この比較検討は、①ダムの効果を水増しし、②水害防止効果の異なる案の費用だけを比較して優劣を判断した、という点で、ダムあり案を不当に有利に扱うものでした。秋田県・成瀬ダムの検証を例としてみてみます。

①ダムの効果を水増し

成瀬ダムの検証では、すでにつくられている3つのダム（既設3ダム）の効果が基準点で100㎥／秒、成瀬ダムの効果が200㎥／秒とされて、成瀬ダムの方が大きくなっています。ところが、ダムの治水容量は、既設3ダムが合計1億5,520万㎥、成瀬ダムが1,900万㎥で、既設3ダムの方がはるかに大きいのです。成瀬ダムが既設ダムより下流にあるわけでもありません。ダム検証において、成瀬ダムの効果は、実際の何倍にも水増しされていることが明らかです。

②水害防止効果の異なる案の費用だけを比較して優劣を判断

成瀬ダムについては、「ダムあり」案の1,600億円と「ダムなし」案の1,800億円等を比較して、「ダムあり」が安い、として「成瀬ダム継続」となりました。「ダムあり」案も「ダムなし」案も、基準点で7,100㎥／秒の洪水を流す計画とされていますが、ダムの効果は不確実で限定的なので、「ダムあり」案で7,100㎥／秒の洪水を流せる効果は一定の条件のもとでしか発生しません。したがって、両案の水害防止効果は同じではありません。しかし、国交省は、両案の効果が同じであるかのように扱い、費用だけを比較しました。

雄物川では、将来30年の河道改修の便益は、費用の3.9倍とされています[2]。これに対し、成瀬ダムの便益は、費

	成瀬ダムあり	成瀬ダムなし
目標流量 （7,100㎥／秒）の内訳	河道で6,800㎥／秒 既設3ダム+成瀬ダムで300㎥／秒	河道で7,000㎥／秒 （既設3ダムで100㎥／秒）
費用	1,600億円	1,800億円
費用対効果	公表せず	公表せず
長期計画の目標流量	河道で8,700㎥／秒	河道で8,700㎥／秒

用の1.1倍です[3](この数字も水増しに水増しを重ねた数字ですが、ここではふれません)。したがって、費用だけでなく、便益も含めて比較すれば、ダムなし計画案の方がより効率よく水害を防止できる案として採用されるはずでした。しかし、便益を含めた比較は行われず、比較されたのは費用だけでした。代替案との比較検討を行ったとしても、そのやり方が特定の案を有利に扱う不公正なものであっては話になりません。しかし、ダム検証の不公正さは見過ごされ、八ッ場ダム、成瀬ダム、安威川(あいがわ)ダム、石木ダムなど、優先順位の低いダムが次々と「事業継続」とされていきました。ダム検証は市民参加をいっさい認めない密室の手続だったため、市民は不公正な手続をただすことができませんでした。

参加の権利を保障する「戦略的環境アセスメント」の導入を

さて、第10原則・オーフス条約の求める「参加型」「初期段階」で「複数の案を比較」するしくみの話に戻ります。

「初期段階」で「複数の案を比較」するしくみは、まだ日本にはありませんが、こういったしくみが必要だという指摘は以前からありました。

「初期段階」で「複数の案を比較」するしくみとして、諸外国で取り入れられているのが、「戦略的環境アセスメント」というしくみです。特に環境への配慮との関係で、戦略的環境アセスメントの制度が議論されてきました。

戦略的環境アセスメントの要件は、次の4点と整理されています[4]。

1. 政策・計画段階での実施
意思決定の初期段階で環境配慮をすること。

2. ノーアクション代替案を含む代替案との比較検討
代替案の比較検討は必須条件だが、特に、その事業を行わないという「ノーアクション」代替案も検討しなければならない。

3. 社会・経済面と環境面の影響の比較考量
ノーアクション代替案を検討するためには、社会・経済面の影響と環境面の影響の比較考量が必要である。環境面だけを考えるなら、ノーアクション代替案が良いことになるが、一定の環境負荷をかけても社会的・経済的効果のある計画が存在しうる。

4. プロセスの公開性、透明性が必要
意思決定の透明性を確保することが不可欠である。
住民参加は対象範囲が広くなるため工夫が必要。

2006年に決定された第三次環境基本計画では、戦略的環境アセスメントが重点的政策プログラムの一つとして位置づけられ、導入へ向けて一層の取り組みを進めることとされていました。

しかし、その後、現在に至るまで、戦略的環境アセスメントの導入は進んでいません。2018年に決定された第五次環境基本計画には、戦略的環境アセスメントについての記載はありません。

初期段階の参加で「洪水を受け止める水害対策」を可能に

これまでの水害対策は、「下流で一定の量の洪水を流すこと」を目標とし、その目標流量にあわせて「ためる」施設、「流す」施設を整備する、という考え方に基づいて進められてきました。

しかし、「想定外」は常に存在します。できるだけ氾濫が起こらないように「ためる」「流す」整備ができれば、理想的ではありますが、絶対に氾濫をおこさない、という考え方に立つと、際限なく時間、人、お金を施設整備につぎこまなくてはなりません。その間にも、「記録的な」大雨が発生し、堤防の弱いところが決壊し、甚大な被害が発生することになってしまいます。「どこでも氾濫しないことをめざす水害対策」は「どこで氾濫するかわからない水害対策」です。

仮に、初期段階の参加で水害対策のあり方を決めることができるようになれば、土地の利用計画をつくる段階で「氾濫しそうな場所」を想定し、（当面の整備状況ではおさえられない）氾濫をどこで受けとめるか、というように、「氾濫を想定した水害対策」「どこで氾濫するかわかっている水害対策」を進めることができるようになります。氾濫を想定した水害対策は、氾濫しそうな場所の堤防を強化し、土地の利用を規制することで、全体として被害を軽減できる水害対策になりえます。こうした水害対策は、誰かが決めて押しつけるやり方になじみません。流域全体で「どこで氾濫しやすいか」「どこで氾濫させると被害を最小にできるか」についての情報が共有され、初期段階から参加型で合意形成していくことではじめて可能となります。気候変動による災害リスクが増大するなか、日本でも戦略的環境アセスメントの政策決定プロセスを取りいれ、災害リスクに適切に対応できるまちづくりを実現することが急がれます。

SDGsの求める民主主義へ

堤防を決壊させない民主主義への転換は、SDGs（Sustainable Development Goals）の目標を実現させるためにも役立ちます。

SDGsについては、聞いたことはあっても、自分とはあまり関係のないことと思っている方も多いかもしれません。

SDGsは、2015年にすべての国・地域が賛成して採択された「2030アジェンダ」（2030年までに解決されるべき課題）の中で示された目標です。持続可能な発展（SD：Sustainable Development）を達成するために必要な17のゴール（意欲目標）と169のターゲット（行動目標）で構成されています。これらの目標は、すべての国、すべての現場で達成されるべきものとされています。

17のSDGsのうち、目標16と17は、民主主義の発展（法制度の構築とその運用）に関するものです。

目標16は、「あらゆる現場で説明のつく制度を構築すること」を、ターゲット16.6は、「あらゆる現場で有効で、きちんとした説明がされる透明性の高い制度を発展させること」を、ターゲット16.7は、「あらゆる現場で対応的、包摂的、参加型で代表型の意思決定を確保すること」を、それぞれ求めています。

戦略的環境アセスメントなど参加の権利を保障する制度をつくりあげ、堤防を決壊させない民主主義へ転換することは、こうした目標・ターゲットの実現にそうものです。また、ターゲット11.5は「2030年までに、貧困層および脆弱な立場にある人々の保護に焦点をあてながら、水関連災害等の災害による死者や被災者数を大幅に削減し、世界の国内総生産比で直接的経済損失を大幅に減らす」ことを求めており、民主主義が転換され堤防の決壊が防げるようになれば、このターゲットにも合致します。

日本政府は、SDGsを達成するため、「アクションプラン」をつくっていますが、残念ながら、政策決定に参加の権利を保障するような法制度につながる内容は含まれていません。

2030アジェンダの目標年である2030年まで、あと10年。堤防を決壊させない民主主義は、誰もがおかしいことはおかしいと言うことができ、一人ひとりの意見が適切に決定へ反映される、民主主義があらゆる現場にいきわたったガバナンスであり、SDGsの求める民主主義そのものです。今こそ、令和の日本にふさわしい民主主義を実現するための議論をはじめましょう。

【第3章まとめ】

①日本では、「選挙で勝った政治家が民意」という考え方が一定の支持を得るほど、選挙以外の民主主義のしくみが貧弱である。民主主義のしくみを充実させていくことが必要である。

②日本の民主主義に不足しているもののひとつは「権利」である。決定権者の案と異なる意見が(どんなに合理的であっても)反映されないのは、日本では参加が「権利」ではなく「お願い」でしかないからである。

③参加を権利として保障すべきことは、1992年の「リオ宣言」で国際的に合意されている。自治体では、自治基本条例などで参加を権利として認めている例があるが、国レベルではほとんど認められていない。

④日本の多くのパブコメのように、意思決定の最終段階で「お願い」参加を認めても、パートナーシップにはつながらず、かえって不信感がうまれることになりかねない。意思決定の初期段階で「権利」としての参加を認めることにより、はじめて考慮されるべき意見が考慮され、「パートナーシップ」「より良い決定」が実現しうる。
⑤意思決定の初期段階で「権利」としての参加を認めるしくみとして、戦略的環境アセスメント制度がある。
⑥参加型の意思決定は、SDGsの求める民主主義でもある。

1 国直轄・水資源機構・補助ダム予算
2 国土交通省東北地方整備局　平成24年度事業評価監視委員会第5日　資料1-2「河川関係事業再評価　雄物川直轄河川改修事業」
3 平成17年度　東北地方整備局　事業再評価
4 原科幸彦・小泉秀樹 編著『都市・地域の持続可能性アセスメント―人口減少時代のプランニングシステム―』学芸出版社、2015

おわりに

変化のきざしと変化への抵抗

持続可能な「流域治水」への転換

今、水害対策が転換されるきざしがみえてきています。

2020年7月、国土交通省の審議会は「あらゆる関係者が流域全体で行う持続可能な『流域治水』への転換」を提言する答申[1]を発表しました。この答申は、ここ数年、毎年のように激甚な災害が発生していること、気候変動が顕在化していること、人口減少と少子高齢化の進行により地域社会が変化していること、等をふまえ、水害対策のあり方を転換すべきことを提言しています。

なかでも注目すべきは、次の2点です。

①土地利用規制（まちづくりと連携した水害防止対策の推進）

答申は、川が氾濫することのありうることを前提として、水害リスクの高い区域の開発を禁止することを含む規制を進めるべきとしています。また、まちづくりと連携した水害防止対策を推進するため、まちづくり部局と水害対策部局が一層連携を強化すべきとしています。

②「粘り強い堤防」の整備

答申は、川が氾濫した場合の氾濫量を減らすため、洪水が越流した場合でも決壊しにくい「粘り強い堤防」をめざした堤防強化の整備を進めるべきとしています。

上記①は、川の「内側」と「外側」で異なる部局によるタテワリの対策がなされ、川の「内側」の対策は「氾濫させない」ことを至上命題としてきわめて稀な洪水に対応するために高い整備目標を設定し、結果、より頻繁に発生する洪水に対応できないという、これまでの水害対策のあり方を転換するものとして注目されます。しかし、他方で、かつての「総合治水」の失敗例(第1章27頁)をふまえて異なる部局の連携強化をどのように進めるか、氾濫を前提としたまちづくりについて地域の合意形成が実現するか、など、工夫し乗り越えるべき課題もありそうです。

上記②は、まさに本書のテーマである「堤防強化」についてふれられています。この提言が実現し、「堤防強化」が全国の河川の整備計画に書き込まれていけば、画期的なことです。他方で、ここに書かれている「堤防強化」が本書で紹介したような裏法面を補強した工法を指しているのかはっきりしないところがあり、堤防強化が全国の整備計画に書き込まれる具体的な道筋も、現時点では明らかではありません。

このように、答申には、評価できる部分と、課題とがあります。大きな課題としては、上記①②のほかに、「まずは計画で位置づけられている治水対策を加速化」することが前提とされている点があげられます。これはつまり、これまでにつくられている現在の計画の実施を加速化するということです。しかし、現在の計画の内容にはさまざまなものがあります。たとえば、2020年7月の豪雨で氾濫した江(ごう)の川[図表25]のように、「流す」対策に遅れがみられる川において、上下流のバランスをとりながら「流す」対策を加速することはとても重要です。

「流す」対策が遅れているのは、第2章で紹介した成瀬ダムが計画されている秋田県・雄物川も同じです。ところが、現在の計画を見直さず、計画に位置づけられている対策に優先順位をつけないまま加速化するということになると、まずダム建設に時間・人・お金が注ぎ込まれてしまい、「流す」対策が遅れてしまうことになりかねません。水害からの安全度を確実に上げていくためには、計画を見直し、効果の高い対策を優先的に行うこととしたうえで、加速化する、という段取りが必要です。

川辺川ダム復活論

2020年7月豪雨では、江の川だけでなく、熊本県・球磨川でも大きな氾濫が発生しました。熊本県内では60名を超える方が亡くなり、多くが川の氾濫による犠牲者といわれています。球磨川には、支流の川辺川にダム計画があり、

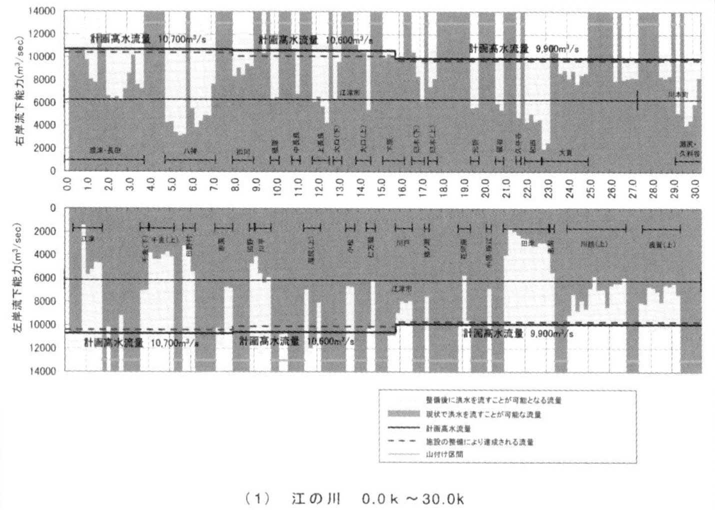

(1) 江の川 0.0k ～30.0k

［図表25］広島県・島根県を流れる江の川の下流域では「流す」対策が急がれる
(http://www.cgr.mlit.go.jp/miyoshi/river/images/r23_9/05plan.pdf)

2008年に熊本県知事が計画中止を求め、2009年に当時の国土交通大臣が中止を宣言しました。熊本の豪雨被害の後、菅義偉官房長官が水害対策にダムを含めるべきとする趣旨の発言[2]を行うなど、川辺川ダム計画の「復活」を狙うような言説があらわれています。

しかし、こうした言説に対しては、次に述べるように、大きな疑問を感じます。

まず、球磨川の氾濫について、どの地点でどの程度の洪水が発生したのか、現時点では明らかにされていません。また、球磨川がどの程度の水量を「流す」ことができるかも明らかにされていません。図表25に示した江の川の「流すことが可能な流量」のようなデータが、球磨川については公表されていないのです。さらに、本稿執筆時点で、球磨川下流ではJパワーが管理する瀬戸石ダムの昇降式ゲートが上げられた状態で洪水をせき止めていたという状況もうかがえ[3]、これが氾濫にあたえた影響の検証も必要です。このように、水害対策を検討する上で前提とされるべき客観的なデータが明らかになっていない状況で、特定の対策(ダム)が役に立つとする言説は、根拠のない無責任なものといわざるを得ません。

また、川辺川ダムについては、2001年から9回にわたり国土交通省と熊本県民との討論集会が開かれた経緯があります[4]。ダムをめぐって国と住民が直接討論するというのは、全国的にも、歴史的にもきわめて稀なことです。そして、この討論集会で、国は、ダムによって流域がいつ・どのように安全になるのか、示すことができませんでした。この討論集会の経験が、水害から命を守るのは「ダムによらない水害対策」だという地元の確信につながり、2008年、蒲島知事の「球磨川は宝である」という川辺川ダム白紙撤回宣言に至ります。

清流川辺川は、尺鮎といわれる立派で香り高い鮎のとれる川であり、ラフティングで人々が憩う川でもあります。時に水害を引き起こすが地域にかけがえのない恵みをもたらす存在であるという川の多面性が、「宝」という言葉に込められていると思います。

日本の多くの川で「流す」対策が遅れていることからすると、おそらく川辺川でも「流す」対策の遅れがあると考えられ、今秋、来年、再来年にも起こるかもしれない大雨に対し確実に安全度を高めていくためには、まず「流す」対策を急ぐべき状況にあると推察します。国土交通省は、これまで明らかにされていない球磨川流域の現況流下能力（現時点で洪水を流すことができる流量）について明らかにし、かねてより地元が要望していた球磨川の「流す」対策の進捗状況についてデータを示し、脆弱な箇所について直ちに対策をとるべきです。そして、仮に、国土交通省が「まず川辺川ダム」というならば、前記の現況流下能力のほか、2020年7月豪雨で発生した洪水流量などの基礎的なデータを明らかにし、「ダムによらない水害対策」と「ダムを含む水害対策」それぞれの費用対効果がどのような数字になるか、将来の各段階（例えば1年後・5年後・10年後……）において流域の安全度がどのように高まるか、について比較できるよう示すべきです。もっとも、こうした議論は「川の内側」の議論でしかありません。冒頭に紹介した「流域治水」の考え方からすると、中期的には、ダムや流す対策にどれほど投資し、どこでどれほどの氾濫を「受容」することとしてまちづくりをするのか、どこで越水を想定して堤防を強化するのか、といった議論をし、合意形成していくことになります。そして、こういった合意形成は、関係者に必要な情報を提供し、参加の権利を保障して、反映すべき意見を適切に反映することなしに成り立ちません。こうした合意形成のプロセスは、戦略的環境アセスメントの考え方を法制化することによって全国的にスタートさせることができます。

「まずダム」「何が何でもダム」という旧来の水害対策から、

「あらゆる関係者が流域全体で行う持続可能な『流域治水』への転換」を今、この時代に実現し、水害から命を守る民主主義を未来へ手渡しましょう。

1 社会資本整備審議会「気候変動を踏まえた水災害対策のあり方について～あらゆる関係者が流域全体で行う持続可能な「流域治水」への転換～
2「官房長官、水害対策でダムの有効性強調」日本経済新聞電子版、2020.7.20
3 村山嘉昭「熊本豪雨で球磨川「瀬戸石ダム」が決壊危機　現場証拠写真」デイリー新潮、2020.7.17
4 高橋ユリカ「宝としての球磨川・川辺川にダムはいらない」宇沢弘文・大熊孝編『社会的共通資本としての川』東京大学出版会、2010

図表出典

[図表1] http://www.cgr.mlit.go.jp/emergency/2018/pdf/02odagawahaifu.pdf

[図表2] http://www.bousai.go.jp/kaigirep/hakusho/h17/bousai2005/html/zu/zu1401050.htm

[図表3] https://www.cas.go.jp/jp/seisaku/kokudo_kyoujinka/pdf/sekaihehasshin.pdf

[図表4] https://www.mlit.go.jp/sogoseisaku/maintenance/_pdf/research01_02_pdf02.pdf

[図表5] https://www.cbr.mlit.go.jp/torikumi/pdf/09_gijutsu_201310.pdf

[図表6] http://www.mlit.go.jp/river/shinngikai_blog/gijutsu_kentoukai/dai01kai/pdf/doc2-1.pdf

[図表7] http://www.bousai.go.jp/kaigirep/chuobou/senmon/daikibosuigai/pdf/090123_sanko_2.pdf

[図表8] https://www.ktr.mlit.go.jp/ktr_content/content/000633805.pdf

[図表9] https://www.mlit.go.jp/river/shinngikai_blog/gijutsu_kentoukai/dai01kai/pdf/doc2-1.pdf

[図表10] https://www.mlit.go.jp/river/shinngikai_blog/gijutsu_kentoukai/dai01kai/pdf/doc2-1.pdf

[図表11] https://www.cgr.mlit.go.jp/miyoshi/river/r08.html

[図表12, 13] https://www.ktr.mlit.go.jp/keihin/keihin00162.html

[図表14] http://www.mlit.go.jp/river/kasen/koukikaku/pdf/qa.pdf

[図表15] http://www.mlit.go.jp/river/kasen/koukikaku/pdf/qa.pdf

[図表16] http://www.mlit.go.jp/river/bousai/timeline/

[図表17] 撮影：村山嘉昭

[図表18] https://www.kkr.mlit.go.jp/river/yodoriver_old/kaigi/iin/70th/pdf/iin70th_iintyouppt.pdf

[図表19] https://www.kkr.mlit.go.jp/river/iinkaikatsudou/yodo_sui/qgl8vl0000000zy0-att/betten3.pdf

[図表20] http://www.thr.mlit.go.jp/bumon/kisya/kisyah/images/22879_3_43.pdf

[図表21] http://www.rnac.ne.jp/~oshu/naruse-dam/

[図表22] https://www.pref.nagasaki.jp/bunrui/machidukuri/kasen-sabo/ishiki/ryuuiki/

[図表23] 撮影：村山嘉昭

[図表24] 撮影：村山嘉昭

あとがき

「どうして手を洗わねえんだよおオオオオオオオオオオオオ！」

テレビドラマにもなった蛇蔵さんの漫画『決してマネしないでください』の一コマです。19世紀の医師・ゼンメルヴァイスが、「産科医が手を洗えば産褥熱による妊婦の死亡を防げる」ということを理解してもらえず、身悶え叫ぶシーンです。このシーンをみたとき、心の底から湧き上がる共感をおさえられませんでした。

「どうして堤防を強化しねえんだよおオオオ！」

堤防の決壊は天災ではない。堤防の決壊は防げるし、堤防の決壊を防ぐことで救える命、生活がある。そのことをわかっている人も大勢いる。それなのに……。

行き場のない思い、と感じていたことでしたが、今回、本の出版というかたちで発信することができ、とてもありがたいことだと感じています。日刊ゲンダイに掲載されたインタビュー記事「八ツ場ダムが利根川を守ったというのは誤解」に目をとめて「本を出しませんか」と提案してくださった、現代書館の須藤岳さんに深く御礼申し上げます。

中村敦夫さんには、本書の帯に力強いエールをいただき、深謝申し上げます。ここ数年、朗読劇『線量計が鳴る』の上演のため全国を飛び回っておられる中村さんは、参議院議員時代は全国の公共事業の現場を視察され、各地の皆さんと改革の流れをつくってこられました。事実と論理にもとづきおかしいことはおかしい、正しいことは正しいと声をあげつづける一人ひとりの行動が社会の課題を明らかにし、解決への途を拓くということを、中村さんや各地の皆さんの姿から学びました。

私は河川の専門家ではありませんが、弁護士として10年ほどダム問題に取り組んできたなかで、さまざまな専門家の方からたくさんのことを教えていただいてきました。そうしてたどりついた結論は、川のあり方について決める権利を一部の「専門家」が独占してきたことが、ダム優先と土まんじゅう堤防の放置、土まんじゅう堤防の決壊による甚大な被害を招いたということです。この光景は、戦艦大和に巨費が投じられた影でベニヤの特攻艇が兵士の命を奪ったアジア・太平洋戦争の光景と重なってみえます。国土交通省は「堤防強化は重要だが、ダムも重要、総力戦だ」といいますが、アジア・太平洋戦争における総力戦は、被害を拡大するだけ拡大したすえ、敗戦に終わりました。国土交通省だけ、一部の「専門家」だけで川のことを決めるのでは、水害から一人ひとりの生命、財産を守れません。

水害に強い地域をつくるには、それぞれの地域のみなさんの力が必要です。日本各地で、地域のみなさんが川の現状について関心を寄せ、水害からの安全度を高めるために何が必要かを考え行動していただく、本書がそのきっかけとなれば幸いです。

災害時にも人命が失われず、一人ひとりが大切に扱われ、健康で文化的な生活を送ることができる社会、誰ひとり取り残さない社会の実現をめざして、これからも発信を続けたいと思います。

2020年8月

著者
西島 和（にしじま・いずみ）
弁護士。
八ッ場ダム住民訴訟、成瀬ダム住民訴訟、
スーパー堤防事業差止訴訟にかかわるなかで、
さまざまな専門家から指導を受け、水害対策や日本の
民主主義について深く考えるようになる。
（一社）JELF理事。デジタルハリウッド大学非常勤講師（法律科目）。
2020年4月より立憲民主党政務調査会に勤務。
東京生まれ長崎育ち。
東京都江東区で夫1人、猫1匹と同居中。

日本の堤防は、なぜ決壊してしまうのか?

水害から命を守る民主主義へ

2020年9月15日　第1版第1刷発行

著　者——西島 和
発行者——菊地泰博
発行所——株式会社現代書館
〒102-0072 東京都千代田区飯田橋3-2-5
電話 03-3221-1321　FAX 03-3262-5906
振替 00120-3-83725
http://www.gendaishokan.co.jp/
印刷所——平河工業社（本文）
東光印刷所（カバー・表紙・帯）
製本所——鶴亀製本
ブックデザイン——伊藤滋章

校正協力：高梨恵一

ISBN978-4-7684-5885-3
定価はカバーに表示してあります。
乱丁・落丁本はお取り替えいたします。

活字で利用できない方のための
テキストデータ請求券
『日本の堤防は、なぜ
決壊してしまうのか?』